世界一わか

JN036345

物理数学入門

これ1冊で
完全マスター！

川村康文

講談社

はじめに

　物理を学んだり，物理学の研究を進めるうえで，『物理数学』は欠かせないものですが，大学に授業についていけずに苦しんでいる学生のみなさんも多いことかと思います．

　本書は，基礎的な内容を基本から解説することで，数学がやや苦手なみなさんに，大学での授業が理解できるように支援することを目的にしています．この目的のため，少々の厳密を犠牲にする面もありましたが，本書で数学の垣根を取り払って，物理学を楽しく学んでもらえればと願っています．

　物理学的考察を行う際に，少なくとも数式をツールとして扱えるようになれば，徐々にですが数式の意味もわかってくるようになってきます．そうなれば，みなさんの前に，物理学の素晴らしい世界が広がってくることでしょう．

　本書を出版するにあたって，京都教育大学名誉教授の沖花彰先生および東京理科大学川村研究室研究生の福井幸亮君には，内容のチェックおよび再計算をして頂き感謝申し上げます．また，企画から編集まで講談社サイエンティフィクの大塚記央さんにはたいへんお世話になりました．心からの謝意を表します．

令和元年（2019 年）12 月

川　村　康　文

目　次

○ **第 1 章　微分学**　　　　　　　　　　　　　　　　　　　　　**1**

1.1　微分とは何か 1
1.2　微分学の基礎 4
　　1.2.1　微分の基本公式 4
　　1.2.2　和と差の微分 5
　　1.2.3　積と商の微分 5
　　1.2.4　合成関数の微分 6
　　1.2.5　対数微分法 6
1.3　偏微分とは何か 8
1.4　全微分とは何か 12
1.5　テイラー展開とマクローリン展開 15

○ **第 2 章　微分と積分の関係**　　　　　　　　　　　　　　　　　**22**

2.1　積分とは何か 22
2.2　積分学の基礎 24
2.3　微分と積分の関係とその応用 29

○ **第 3 章　微分方程式**　　　　　　　　　　　　　　　　　　　　**31**

3.1　微分方程式とは何か 31
3.2　1 階の微分方程式の一般解 31
　　3.2.1　直接積分による解法 31
　　3.2.2　変数分離による解法 32
　　3.2.3　線形同次方程式 33
　　3.2.4　線形非同次方程式 33
　　3.2.5　完全形微分方程式 34
3.3　2 階の微分方程式の一般解 36
　　3.3.1　2 階同次線形微分方程式 36
　　3.3.2　特性方程式 36

◯ 第 4 章　偏微分方程式　　　　59

4.1　偏微分方程式 59
4.2　波動方程式 61
4.3　熱伝導方程式 63
4.4　ラプラス方程式とポアソン方程式 66
4.5　境界値問題, グリーンの公式 68

◯ 第 5 章　線積分・面積分・体積分　　　　70

5.1　線積分 70
5.2　面積分 76
5.3　体積分 81

◯ 第 6 章　ベクトル解析　　　　85

6.1　内積と外積 85
　　6.1.1　内積 85
　　6.1.2　外積 86
6.2　演算子 87
6.3　ベクトル解析 87
　　6.3.1　grad 87
　　6.3.2　div 93
　　6.3.3　rot 95
　　6.3.4　ラプラシアン 98
6.4　ガウスの定理 103
6.5　ストークスの定理 106
　　6.5.1　アンペールの法則 107
　　6.5.2　ファラデーの電磁誘導の法則 108

◯ 第 7 章　線形代数　　　　112

7.1　座標の回転 112
7.2　行列 112
　　7.2.1　行列 112
　　7.2.2　単位行列 113
　　7.2.3　零 (ゼロ) 行列 113
　　7.2.4　零因子 113

	7.2.5	転置行列	. . . .	113
	7.2.6	対角行列	. . . .	114
	7.2.7	対称行列	. . . .	114
	7.2.8	交代行列 (反対称行列)	. . . .	114
	7.2.9	複素共役行列	. . . .	115
7.3	逆行列		. . . .	115
7.4	行列式		. . . .	118
	7.4.1	行列式	. . . .	118
	7.4.2	サラスの展開	. . . .	121
7.5	固有値と固有ベクトル		. . . .	121

⬡ 第8章 複素関数 137

8.1	複素関数での微分		. . . .	137
	8.1.1	ド・モアブルの定理とオイラーの公式	. . .	137
	8.1.2	複素関数	. . . .	141
8.2	複素関数での積分		. . . .	143
	8.2.1	積分の書き方	. . . .	143
	8.2.2	コーシーの積分定理	. . . .	143
	8.2.3	コーシーの積分公式	. . . .	145
8.3	留数		. . . .	147
	8.3.1	特異点と留数	. . . .	147
	8.3.2	ローラン展開	. . . .	150
8.4	実積分への複素積分		. . . .	153
	8.4.1	留数定理の応用	. . . .	153
	8.4.2	三角関数を含む式への応用	. . . .	156

⬡ 第9章 解析力学 160

9.1	変分法と汎関数	. . . .	160
9.2	オイラーの方程式	. . . .	162
9.3	ラグランジュの運動方程式とハミルトンの原理	. . . . .	167
9.4	ハミルトンの正準方程式	. . . .	170
9.5	ラグランジュの未定係数法と応用	. . . .	176
	9.5.1 マクスウェル-ボルツマンの分布則	. . . .	179

◯ 第10章　ベクトル空間　182

10.1 ベクトル空間の演算 182
10.2 ベクトル変換の演算 184
10.3 ユニタリー行列・エルミート行列 186
10.4 ヒルベルト空間 191

◯ 第11章　フーリエ変換とラプラス変換　197

11.1 フーリエ級数による展開 197
11.2 周期 $2L$ の振動の場合 203
11.3 フーリエ変換 205
11.4 矩形波 207
11.5 ラプラス変換 209
　　11.5.1 ラプラス変換 209
　　11.5.2 逆ラプラス変換 214
　　11.5.3 微分方程式への応用 217

◯ 第12章　特殊関数　221

12.1 楕円関数 221
12.2 ガンマ関数 227

◯ 付録A　物理学と測定　231

A.1 測定 231
　　A.1.1 不確かさ 231
　　A.1.2 有効数字 233
A.2 計算 233
　　A.2.1 有効数字の加減乗除 234
　　A.2.2 近似公式 234

第 1 章

微分学

□ 1.1 微分とは何か

微分するとは，微小部分での変化の割合を求めることをいう．

一定の割合で変化している現象を扱うなら，微小部分を考えなくても，変化率は一定で変わらない．例えば，$y = 2x$ のような場合，変化率はその勾配の 2 で一定である．しかし，図 1.1 のように，不等速な運動をしている場合の変化率は，いくらであると答えればよいのであろうか．

ある選手が 100 m を 10 秒で走ったとする．この選手の平均の速さは 100/10=10 より 10 m/s となる．しかし，この選手は，スタート時の速度 0 からある速度までダッシュし，その後，流れに乗って走り，最後にはラストスパートしたかもしれない．この選手の瞬間ごとの移動の変化率，つまり瞬間の速さは時々刻々と変化し，一定であるとはいえない．それでは，図 1.2 の t_1〜t_2 の間の変化率は，どのようにすれば求まるのか？

一般には，t_2 を t_1 に限りなく近づけた場合，あるいは $\Delta t = t_2 - t_1$ とし Δt を限りなく 0 に近づけた場合の微小区間についての変化率をみることになる．このことは，1 円玉の縁を顕微鏡で拡大してみた場合や，地球上で水

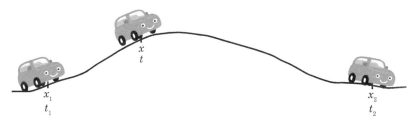

図 1.1 不等速運動

1

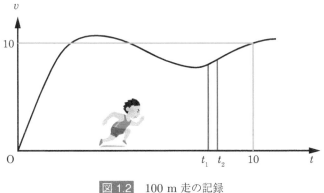

図 1.2 100 m 走の記録

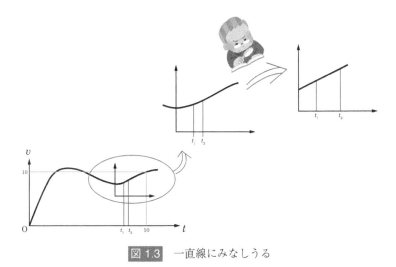

図 1.3 一直線にみなしうる

平線を肉眼でみている場合に相当する．お風呂の水面も本来は，地球の曲率と等しく曲がっているはずであるが，水平面にしか観測されえない．観測の限界というわけである．つまり，t_2-t_1 を拡大に拡大を重ねていくと，ついには直線とみなしうる状態となり，変化率が一意に決められる．

例えば，図 1.3 の最も右の図の関係式が仮に，$v = 0.5t + 5$ なら，この直線の変化率は 0.5 であるといえる．

図 1.1 と同様に，不規則な変化をする関数 $f(x)$ を考え，t_1 の代わりに x，t_2 の代わりに $x + \Delta x$ とおくと，その間の変化 $\Delta f(x)$ は，

$$\Delta f(x) = f(x + \Delta x) - f(x)$$

なので，変化率は，

$$\frac{\Delta f(x)}{\Delta x} = \frac{f(x + \Delta x) - f(x)}{\Delta x}$$

である．この変化率が，図 1.3 のような拡大図をもとにしたものであること
を考えると，Δx は微小量ということになる．グラフを完全な直線とみな
しうるまでに拡大することは，Δx を限りなく 0 に近づけることとなり，結果
として変化率は，

$$\lim_{\Delta x \to 0} \frac{f(x + \Delta x) - f(x)}{\Delta x}$$

となる．この手続きを $f(x)$ を x で微分するという．

また，$\frac{f(x+\Delta x)-f(x)}{\Delta x} = \frac{\Delta f(x)}{\Delta x}$ において，Δx を限りなく 0 に近づけた
とき，

$$\lim_{\Delta x \to 0} \frac{\Delta f(x)}{\Delta x} = \frac{df(x)}{dx} = \frac{d}{dx}f(x) = f'(x)$$

と表記する．$f'(x)$ を $f(x)$ の導関数という．

ところで，$y = f(x) = 0.5x + 5$ に戻って，この式を微分してみよう．

$$f'(x) = \lim_{\Delta x \to 0} \frac{(0.5(x + \Delta x) + 5) - (0.5x + 5)}{\Delta x}$$
$$= \lim_{\Delta x \to 0} \frac{0.5\Delta x}{\Delta x} = 0.5$$

となり，$f(x)$ の勾配は，どんな x に対しても 0.5 であることがわかる．

問題 1　$f(x) = \sin x$ を微分せよ．

解答　三角関数の公式 $\sin(x + \Delta x) = \sin x \cos \Delta x + \cos x \sin \Delta x$
を用いる．

$$f'(x) = \lim_{\Delta x \to 0} \frac{\sin(x + \Delta x) - \sin x}{\Delta x}$$
$$= \lim_{\Delta x \to 0} \frac{\sin x \cos \Delta x + \cos x \sin \Delta x - \sin x}{\Delta x}$$

ところで，$\Delta x \to 0$ より，$\sin \Delta x \to \Delta x$，$\cos \Delta x \to 1$ なので，

$$f'(x) = \lim_{\Delta x \to 0} \frac{\sin x + \Delta x \cos x - \sin x}{\Delta x} = \lim_{\Delta x \to 0} \frac{\Delta x \cos x}{\Delta x}$$

$$= \cos x$$

よって，$(\sin x)' = \cos x$ となる． ∎

? 問題 2　$f(x) = \log x$ を微分せよ（自然対数 $\log_e x$ を $\log x$ と書く）．

解答

$$
\begin{aligned}
f'(x) &= \lim_{\Delta x \to 0} \frac{\log(x + \Delta x) - \log x}{\Delta x} \\
&= \lim_{\Delta x \to 0} \frac{1}{\Delta x} \log \frac{x + \Delta x}{x} \\
&= \lim_{\Delta x \to 0} \frac{x}{\Delta x} \frac{1}{x} \log(1 + \frac{\Delta x}{x})
\end{aligned}
$$

ここで，$\frac{\Delta x}{x} = t$ とおくと，

$$
\begin{aligned}
f'(x) &= \lim_{t \to 0} \frac{1}{t} \frac{1}{x} \log(1 + t) \\
&= \frac{1}{x} \lim_{t \to 0} \frac{1}{t} \log(1 + t) \\
&= \frac{1}{x} \lim_{t \to 0} \log(1 + t)^{\frac{1}{t}} \\
&= \frac{1}{x} \log e \\
&= \frac{1}{x} \quad (\lim_{t \to 0}(1 + t)^{\frac{1}{t}} = e \text{ より})
\end{aligned}
$$

よって，$(\log x)' = \frac{1}{x}$ となる． ∎

1.2　微分学の基礎

1.2.1　微分の基本公式

・x の n 乗の微分公式

$$(x^n)' = nx^{n-1}$$

$(x^n)' = nx^{n-1}$ に，$n = -1$ や $n = \frac{1}{2}$ を代入してみよう．

$$\left(\frac{1}{x}\right)' = -\frac{1}{x^2}, \quad (\sqrt{x})' = \frac{1}{2\sqrt{x}}$$

・定数倍の微分公式

$$(a)' = 0 \quad (a \text{ は定数})$$

$$(ax)' = ax'$$

$$(af(x))' = af'(x)$$

・三角関数の微分公式

$$(\sin x)' = \cos x$$

$$(\cos x)' = -\sin x$$

$$(\tan x)' = \frac{1}{\cos^2 x}$$

・指数関数の微分公式

$$(e^x)' = e^x \quad (e \text{ は自然対数の底} \fallingdotseq 2.718)$$

$$(a^x)' = a^x \log a$$

・対数関数の微分公式

$$(\log x)' = \frac{1}{x}$$

$$(\log_a x)' = \frac{1}{x \log a}$$

$$(\log f(x))' = \frac{f'(x)}{f(x)}$$

1.2.2　和と差の微分

和と差の微分は,

$$\{af(x) \pm bg(x)\}' = af'(x) \pm bg'(x)$$

例えば, $(4x^3+3x^7)'=4\times(x^3)' + 5\times(x^7)'=4\times3x^{3-1}+3\times7x^{7-1} = 12x^2+21x^6$ となる.

1.2.3　積と商の微分

積の場合は,

$$(f(x) \cdot g(x))' = f'(x) \cdot g(x) + f(x) \cdot g'(x)$$

例えば，$y(x) = x^2 e^x$ を微分する場合，$f(x) = x^2$，$g(x) = e^x$ とすると，

$$y'(x) = f'(x) \cdot g(x) + f(x) \cdot g'(x) = 2xe^x + x^2 e^x$$

商の場合は，

$$\left(\frac{f(x)}{g(x)} \right)' = \frac{f'(x) \cdot g(x) - f(x) \cdot g'(x)}{g^2(x)}$$

例えば，$y(x) = \dfrac{x+1}{x^2}$ を微分する場合，$f(x) = x + 1$，$g(x) = x^2$ とすると，

$$\begin{aligned} y'(x) &= \frac{f'(x) \cdot g(x) - f'(x) \cdot g'(x)}{g^2(x)} \\ &= \frac{1 \cdot x^2 - (x+1) \cdot 2x}{x^4} = -\frac{x+2}{x^3} \end{aligned}$$

❖ 1.2.4 合成関数の微分

合成関数の微分は，

$$f'(g(x)) = f'(g(x))\, g'(x)$$

例えば，$y(x) = \sin^3 x$ を微分する場合，$f(x) = x^3$，$g(x) = \sin x$ とすると，

$$y'(x) = 3\sin^2 x (\sin x)' = 3\sin^2 x \cos x$$

❖ 1.2.5 対数微分法

対数微分法は，$y = f(x)$ の x による微分 y' をそのまま求めるよりも，$(\log y)'$ を求めるほうが簡単なときに用いられるもので，

$$y' = y(\log y)' \quad \text{つまり} \quad f'(x) = f(x)\{\log f(x)\}'$$

であることを用いて y' を求める．

例えば，$y = x^x$ を微分する場合，両辺の $\log$ をとり，$\log y = \log x^x$ を微分すると，

$$(\log y)' = (\log x^x)' = (x \log x)'$$

$$\Longrightarrow \quad \frac{y'}{y} = \log x + x \cdot \frac{1}{x} = \log x + 1$$
$$\therefore \quad y' = y(\log x + 1) = x^x(\log x + 1)$$

問題 3 $y = (\cos x)^{e^x}$ を微分せよ.

解答 指数の底は正なので, $\cos x > 0$ の範囲が関数の定義域となる. 両辺が正なので, そのまま対数をとって微分すると,

$$(\log y)' = (e^x \log \cos x)'$$
$$\Longrightarrow \quad \frac{y'}{y} = e^x \log \cos x - \frac{e^x \sin x}{\cos x}$$

よって,

$$y' = y(e^x \log \cos x - \frac{e^x \sin x}{\cos x})$$
$$= (\cos x)^{e^x}(e^x \log \cos x - e^x \tan x)$$
$$= (\cos x)^{e^x} e^x (\log \cos x - \tan x) \quad \blacksquare$$

問題 4 $y = \dfrac{x(x-1)^2}{\sqrt{x+1}}$ を微分せよ.

解答 ルートの中身は正なので $x > -1$ である. 関数値が負となる場合があるので, 対数をとる前に両辺の絶対値をとる.

$$|y| = \frac{|x|\,(x-1)^2}{\sqrt{x+1}}$$

ここで両辺の対数をとると,

$$\log|y| = \log|x| + 2\log|x-1| - \frac{1}{2}\log(x+1)$$

両辺を x で微分すると,

$$\frac{y'}{y} = \frac{1}{x} + \frac{2}{x-1} - \frac{1}{2(x+1)} = \frac{5x^2 + 5x - 2}{2x(x^2-1)}$$

$$y' = \frac{x(x-1)^2}{\sqrt{x+1}} \times \frac{5x^2+5x-2}{2x(x^2-1)}$$

$$= \frac{(x-1)^2(5x^2+5x-2)}{2(x^2-1)\sqrt{x+1}}$$

$$= \frac{(x-1)(5x^2+5x-2)}{2(x+1)^{\frac{3}{2}}} \quad ∎$$

☐ 1.3 偏微分とは何か

微分と偏微分は何が違うのか．簡単にいえば，微分と偏微分では，独立変数の数が異なる．一変数関数において微分とは，変数を少し動かしたときの変化率をみたものであった．偏微分の場合は，いくつかある変数のうちの特定の1つの変数のみを少し動かしたときの関数の変化率をみる．その他の変数を定数とみなすわけである．

関数 $z = f(x, y)$ を x で偏微分するというのは，

$$\frac{\partial f(x,y)}{\partial x} = \lim_{\Delta x \to 0} \frac{f(x+\Delta x, y) - f(x,y)}{\Delta x}$$

ということである．ここで ∂ は偏微分の記号でラウンド・ディーと読む．また，x で偏微分した偏導関数は次のように表す．

$$f_x(x,y), \quad z_x, \quad \frac{\partial f}{\partial x}(x,y), \quad \frac{\partial z}{\partial x}$$

関数 $z = f(x, y)$ を y で偏微分するというのは，

$$\frac{\partial f(x,y)}{\partial y} = \lim_{\Delta y \to 0} \frac{f(x, y+\Delta y) - f(x,y)}{\Delta y}$$

ということであり，また y で偏微分した偏導関数も同様に

$$f_y(x,y), \quad z_y, \quad \frac{\partial f}{\partial y}(x,y), \quad \frac{\partial z}{\partial y}$$

と表す．

2次の偏導関数の記号としては，関数 $z = f(x, y)$ の x に関する偏導関数 $z_x = f_x(x,y) = \frac{\partial f}{\partial x}$ が，y について偏微分可能なとき，

$$(f_x)_y = (z_x)_y = \frac{\partial}{\partial y}\left(\frac{\partial f}{\partial x}\right) = \frac{\partial}{\partial y}\left(\frac{\partial z}{\partial x}\right)$$

を,

$$f_{xy}(x, y), \quad z_{xy}, \quad \frac{\partial^2 f}{\partial y \partial x}(x, y), \quad \frac{\partial^2 z}{\partial y \partial x}$$

などのように書く. また, f_x が x で偏微分可能なとき, $(f_x)_x$ は,

$$f_{xx}(x, y), \quad \frac{\partial^2 f}{\partial x^2}(x, y), \quad \frac{\partial^2 z}{\partial x^2}$$

などと書く.

$y = xt^2$ を偏微分してみよう. まず, x で偏微分する場合, t を定数とみなして, $\dfrac{\partial y}{\partial x} = t^2$ となる. また, t で偏微分する場合は, x を定数とみなして, $\dfrac{\partial y}{\partial t} = 2xt$ となる.

問題5 $f(x, y) = 2x^2y + xy^2 + 3y^3$ において, 次の問いに答えよ.

(1) $\dfrac{\partial f}{\partial x}$, $\dfrac{\partial f}{\partial y}$ を求めよ.

(2) $\dfrac{\partial^2 f}{\partial x^2}$, $\dfrac{\partial^2 f}{\partial y^2}$ を求めよ.

(3) $\dfrac{\partial}{\partial x}(\dfrac{\partial f}{\partial y}) = \dfrac{\partial^2 f}{\partial x \partial y}$, $\dfrac{\partial}{\partial y}(\dfrac{\partial f}{\partial x}) = \dfrac{\partial^2 f}{\partial y \partial x}$ を求め, $\dfrac{\partial^2 f}{\partial x \partial y} = \dfrac{\partial^2 f}{\partial y \partial x}$ を示せ.

解答 (1) 焦らず計算しよう.

$$\begin{aligned}
\frac{\partial f}{\partial x} &= 2y(x^2)' + y^2(x)' + 0 = 4xy + y^2 \\
\frac{\partial f}{\partial y} &= 2x^2(y)' + x(y^2)' + 3(y^3)' = 2x^2 + 2xy + 9y^2
\end{aligned}$$

(2) 続けて偏微分する.

$$\begin{aligned}
\frac{\partial^2 f}{\partial x^2} &= \frac{\partial}{\partial x}(\frac{\partial f}{\partial x}) = 4y(x)' + 0 = 4y \\
\frac{\partial^2 f}{\partial y^2} &= \frac{\partial}{\partial y}(\frac{\partial f}{\partial y}) = 0 + 2x(y)' + 9(y^2)' = 2x + 18y
\end{aligned}$$

(3) 順番に気をつけて偏微分する.

$$\frac{\partial}{\partial x}(\frac{\partial f}{\partial y}) = 2(x^2)' + 2y(x)' + 0 = 4x + 2y$$

$$\frac{\partial}{\partial y}(\frac{\partial f}{\partial x}) = 4x(y)' + (y^2)' = 4x + 2y$$

以上から，この場合は，

$$\frac{\partial^2 f}{\partial x \partial y} = \frac{\partial^2 f}{\partial y \partial x} \quad \blacksquare$$

 問題6 $f(r) = \dfrac{1}{r}$ （ただし， $r(x, y, z) = \sqrt{x^2 + y^2 + z^2}$）に対して，

$$\frac{\partial^2 f}{\partial x^2} + \frac{\partial^2 f}{\partial y^2} + \frac{\partial^2 f}{\partial z^2} = 0$$

を示せ．

解答 長くなるが，ていねいに計算していこう．

$$\begin{aligned}
\frac{\partial f}{\partial x} &= \frac{\partial}{\partial x}(\frac{1}{\sqrt{x^2 + y^2 + z^2}}) \\
&= \frac{\partial}{\partial x}(x^2 + y^2 + z^2)^{-\frac{1}{2}} \\
&= -\frac{1}{2} \cdot 2x \cdot (x^2 + y^2 + z^2)^{-\frac{3}{2}} \\
&= -x(x^2 + y^2 + z^2)^{-\frac{3}{2}} \\
\frac{\partial^2 f}{\partial x^2} &= -(x^2 + y^2 + z^2)^{-\frac{3}{2}} + (-x) \cdot (-\frac{3}{2}) \cdot 2x \cdot (x^2 + y^2 + z^2)^{-\frac{5}{2}} \\
&= -(x^2 + y^2 + z^2)^{-\frac{3}{2}} + 3x^2(x^2 + y^2 + z^2)^{-\frac{5}{2}} \\
\frac{\partial^2 f}{\partial y^2} &= -(x^2 + y^2 + z^2)^{-\frac{3}{2}} + 3y^2(x^2 + y^2 + z^2)^{-\frac{5}{2}} \\
\frac{\partial^2 f}{\partial z^2} &= -(x^2 + y^2 + z^2)^{-\frac{3}{2}} + 3z^2(x^2 + y^2 + z^2)^{-\frac{5}{2}}
\end{aligned}$$

よって，

$$\begin{aligned}
&\frac{\partial^2 f}{\partial x^2} + \frac{\partial^2 f}{\partial y^2} + \frac{\partial^2 f}{\partial z^2} \\
&= -3(x^2 + y^2 + z^2)^{-\frac{3}{2}} + 3(x^2 + y^2 + z^2)(x^2 + y^2 + z^2)^{-\frac{5}{2}} \\
&= 0 \quad \blacksquare
\end{aligned}$$

? 問題7　$u(x,t) = A\sin(\omega t - kx)$ なる関数がある．$\dfrac{\partial^2 u}{\partial x^2}$ と $\dfrac{\partial^2 u}{\partial t^2}$ の関係式を求めよ．

💡 解答　とりあえず偏微分を計算しよう．

$$\frac{\partial u}{\partial x} = -kA\cos(\omega t - kx)$$

$$\frac{\partial^2 u}{\partial x^2} = -k^2 A\sin(\omega t - kx) = -k^2 u$$

$$\frac{\partial u}{\partial t} = \omega A\cos(\omega t - kx)$$

$$\frac{\partial^2 u}{\partial t^2} = -\omega^2 A\sin(\omega t - kx) = -\omega^2 u$$

以上から，

$$\frac{\partial^2 u}{\partial t^2} = \frac{\omega^2}{k^2}\cdot\frac{\partial^2 u}{\partial x^2} \quad ■$$

補足　波長 λ，振動数 f の波動においては，$\omega = 2\pi f$，$k = \dfrac{2\pi}{\lambda}$ なので，$\dfrac{\omega}{k} = \dfrac{2\pi f}{\frac{2\pi}{\lambda}} = f\lambda = v$（速度）となるので，

$$\frac{\partial^2 u}{\partial t^2} = v^2\cdot\frac{\partial^2 u}{\partial x^2}$$

と書くことができる．

? 問題8　理想気体の状態方程式は，気体の圧力を p，体積を V，絶対温度を T，モル数を n，気体定数を R とすると，$pV = nRT$ と表せる　$p =$ 一定のもとで偏微分するとき，以下の式を示せ．

$$\frac{\partial}{\partial p}\left(\frac{\partial V}{\partial T}\right)_p = \frac{\partial}{\partial T}\left(\frac{\partial V}{\partial p}\right)_T$$

偏微分の添え字は，その物理量が一定であることを示す．

💡 解答　状態方程式を $V = \dfrac{nRT}{p}$ と変形する．$p =$ 一定のもとで，偏微分すると，

$$\frac{\partial V}{\partial T} = \frac{nR}{p}$$

さらにこれを p で偏微分すると

$$\frac{\partial}{\partial p}\left(\frac{\partial V}{\partial T}\right)_p = -\frac{nR}{p^2}$$

となる．また，$T =$ 一定のもとで偏微分すると，

$$\frac{\partial V}{\partial p} = -\frac{nRT}{p^2}$$

さらに

$$\frac{\partial}{\partial T}\left(\frac{\partial V}{\partial p}\right)_T = -\frac{nR}{p^2}$$

以上から，

$$\frac{\partial}{\partial p}\left(\frac{\partial V}{\partial T}\right)_p = \frac{\partial}{\partial T}\left(\frac{\partial V}{\partial p}\right)_T \quad ■$$

❏ 1.4 全微分とは何か

関数 $f(x,y)$ の偏微分は，x か y のどちらか 1 つの変数を固定し，他方の変数を動かして，$f(x,y)$ の部分的な変化を調べることであった．これに対して，全微分では，x と y を一緒に動かしながら $f(x,y)$ の全体的な変化を調べる．したがって全微分は，

$$df = \frac{\partial f}{\partial x}dx + \frac{\partial f}{\partial y}dy$$

となる．図でイメージすると，図 1.4 のようになる．

問題9 次の関数の全微分を求めよ．

(1) $f(x,y) = \dfrac{x-y}{x+y}$

(2) $f(x,y) = xy\sin x$

解答 (1) ていねいに計算しよう．

$$\frac{\partial f}{\partial x} = \frac{(x+y)-(x-y)}{(x+y)^2} = \frac{2y}{(x+y)^2}$$

$$\frac{\partial f}{\partial y} = \frac{-(x+y)-(x-y)}{(x+y)^2} = \frac{-2x}{(x+y)^2}$$

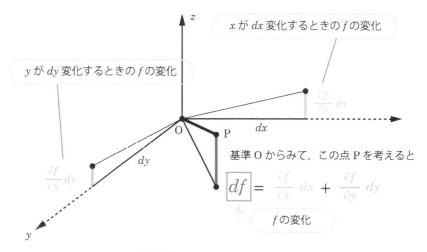

図 1.4　全微分のイメージ

よって全微分 df は

$$df = \frac{\partial f}{\partial x}dx + \frac{\partial f}{\partial y}dy$$
$$= \frac{2y}{(x+y)^2}dx - \frac{2x}{(x+y)^2}dy$$

(2) 上と同様に偏微分しよう.

$$\frac{\partial f}{\partial x} = y\sin x + xy\cos x$$
$$\frac{\partial f}{\partial y} = x\sin x$$

よって全微分 df は

$$df = \frac{\partial f}{\partial x}dx + \frac{\partial f}{\partial y}dy$$
$$= (y\sin x + xy\cos x)dx + x\sin x\,dy \quad ■$$

問題 10　定積モル比熱容量を C_v, 定圧モル比熱容量を C_p とする. 内部エネルギーを U, 圧力を p, 体積を V, 絶対温度を T とおくとき, 以下の式を示せ.

$$C_p = C_v + \left\{(\frac{\partial U}{\partial V})_T + p\right\}(\frac{\partial V}{\partial T})_p$$

解答 内部エネルギーは,

$$dU = (\frac{\partial U}{\partial T})_V dT + (\frac{\partial U}{\partial V})_T dV$$

と表される. 熱力学の第 1 法則 $dQ = dU + pdV$ において, V が一定の場合には,

$$dQ = (\frac{\partial U}{\partial T})_V dT$$

と表せる. C_v の定義より,

$$C_v = (\frac{\partial Q}{\partial T})_V = (\frac{\partial U}{\partial T})_V$$

圧力が一定のもとでは, 全微分の式から,

$$
\begin{aligned}
dQ &= (\frac{\partial U}{\partial T})_V dT + (\frac{\partial U}{\partial V})_T dV + pdV \\
&= C_v dT + (\frac{\partial U}{\partial V})_T dV + pdV
\end{aligned}
$$

と式変形できる. C_p の定義より,

$$
\begin{aligned}
C_p &= (\frac{\partial Q}{\partial T})_p = \left\{ C_v dT + (\frac{\partial U}{\partial V})_T dV + pdV \right\} / dT \\
&= C_v + \left\{ (\frac{\partial U}{\partial V})_T + p \right\} (\frac{\partial V}{\partial T})_p \quad \blacksquare
\end{aligned}
$$

問題11 振り子の周期 T を測定して, $T = 2\pi\sqrt{\dfrac{l}{g}}$ から重力加速度 g の値を求めたいとき, 周期 T とひもの長さ l にそれぞれ ΔT, Δl の誤差があれば, g の誤差 Δg は,

$$\Delta g = \frac{4\pi^2}{T^2}(\Delta l - \frac{2l\Delta T}{T})$$

で評価されることを示せ.

 解答 g を l と T の 2 変数関数 $g(l, T)$ と考えて, g の全微分をと

ると，

$$dg = \frac{\partial g}{\partial l}dl + \frac{\partial g}{\partial T}dT$$

となる．ここで，$g = \frac{4\pi^2 l}{T^2}$ から偏導関数を計算すると，

$$\frac{\partial g}{\partial l} = \frac{4\pi^2}{T^2}$$

$$\frac{\partial g}{\partial T} = -2 \times \frac{4\pi^2 l}{T^3}$$

これらを，全微分の式に代入すると，

$$\Delta g = \frac{\partial g}{\partial l}\Delta l + \frac{\partial g}{\partial T}\Delta T = \frac{4\pi^2}{T^2}\Delta l + (-2) \times \frac{4\pi^2 l}{T^3}\Delta T$$

$$\therefore \quad \Delta g = \frac{4\pi^2}{T^2}\left(\Delta l - \frac{2l\Delta T}{T}\right) \quad \blacksquare$$

□ 1.5 テイラー展開とマクローリン展開

すべての関数 $f(x)$ は，x のべき乗の和で表すことができる．いま，

$$f(x) = c_0 + c_1 x + c_2 x^2 + c_3 x^3 + \cdots \quad (c_i は定数)$$

を x で微分すると

$$\frac{df(x)}{dx} = f'(x) = c_1 + 2c_2 x + 3c_3 x^2 + 4c_4 x^3 + \cdots$$

となる．さらに，x で微分すると

$$\frac{d^2 f(x)}{dx^2} = f''(x) = 1 \cdot 2c_2 + 2 \cdot 3c_3 x + 3 \cdot 4c_4 x^2 + \cdots$$

となる．ここで，$x = 0$ とすると，$f''(0) = 1 \cdot 2c_2$ なので，$c_2 = \frac{f''(0)}{1 \cdot 2} = \frac{f''(0)}{2!}$ となる．同様の繰り返しを行うと，$c_1 = f'(0)$，$c_2 = \frac{f''(0)}{2!}$，$c_3 = \frac{f^{(3)}(0)}{3!}$，$\cdots$ となる．また，$c_0 = f(0)$ である．以上から，

$$f(x) = c_0 + c_1 x + c_2 x^2 + c_3 x^3 + \cdots$$

$$= f(0) + f'(0)x + \frac{f''(0)}{2!}x^2 + \frac{f^{(3)}(0)}{3!}x^3 + \cdots$$

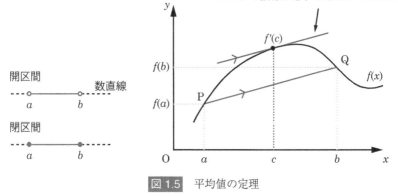

図 1.5　平均値の定理

となる．このように，一般に関数 $f(x)$ は，x のべき乗の和で表すことができる．これを，$x = 0$ における $f(x)$ のマクローリン展開とよぶ．

　さて，ある任意の関数 $f(x)$ が，$a \leqq x \leqq b$（閉区間）において連続で微分可能であるとき，ある点 $x = c$　　$(a < c < b)$（開区間）に対して，

$$f'(c) = \frac{f(b) - f(a)}{b - a} = \frac{df(x)}{dx}\Big|_{x=c}$$

を満たす c が少なくとも 1 つ存在する（図 1.5）．これを平均値の定理という．

問題 12　関数 $f(x)$ と 2 点 $\mathrm{P}(a,\, f(a))$，$\mathrm{Q}(b,\, f(b))$ を結ぶ直線との差で定義される関数 $g(x)$ を考える．関数 $f(x)$ が閉区間 $[a,b]$ で連続で，開区間 (a,b) で微分可能ならば，$g'(c) = 0$ を満たす c が少なくとも 1 つは存在することを示せ．

解答　平均値の定理を用いる．直線 PQ は，点 $\mathrm{P}(a,\, f(a))$ を通り，傾きは $\frac{f(b)-f(a)}{b-a}$ なので関数 $g(x)$ は，

$$g(x) = f(x) - \left\{ \frac{f(b) - f(a)}{b - a}(x - a) + f(a) \right\}$$

$$= f(x) - f(a) - \frac{f(b) - f(a)}{b - a}(x - a)$$

$$g'(x) = f'(x) - \frac{f(b) - f(a)}{b - a}$$

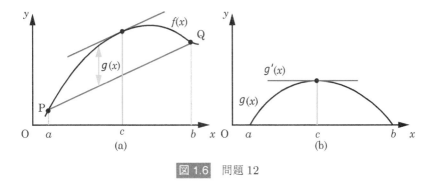

図 1.6　問題 12

平均値の定理より，$f'(c) = \dfrac{f(b) - f(a)}{b - a}$ を満たす c が少なくとも 1 つは存在するので，$x = c$ のとき，$g'(x) = 0$ となる．■

ところで，平均値の定理より，$a < c < b$ のとき，

$$f(b) = f(a) + f'(c)(b - a)$$

となる．ここで，関数 $f(x)$ が閉区間 $[a,b]$ で n 階まで連続な導関数をもち，開区間 (a,b) で $(n+1)$ 階まで微分可能である場合には，一般化して，

$$
\begin{aligned}
f(b) = {} & f(a) + f'(a) \cdot (b - a) + \frac{1}{2!} f''(a) \cdot (b - a)^2 + \cdots \\
& + \frac{1}{n!} f^{(n)}(a) \cdot (b - a)^n + \frac{1}{(n+1)!} f^{(n+1)}(a) \cdot (b - a)^{n+1}
\end{aligned}
$$

と書くことができる．これをテイラーの定理という．また，b を x に置き換え無限級数の形に書けば，

$$
\begin{aligned}
f(x) = {} & f(a) + f'(a) \cdot (x - a) + \frac{1}{2!} f''(a) \cdot (x - a)^2 + \\
& + \cdots + \frac{1}{n!} f^{(n)}(a) \cdot (x - a)^n + \cdots
\end{aligned}
$$

となる．この式を，関数 $f(x)$ の $x = a$ におけるテイラー展開という．

また，$a = 0$ としたとき，この式は，

$$f(x) = f(0) + f'(0) \cdot x + \frac{1}{2!} f''(0) \cdot x^2 + \cdots + \frac{1}{n!} f^{(n)}(0) \cdot x^n + \cdots$$

となる．先ほど示したマクローリン展開である．

問題13 関数 $f(x) = \sin x$ をマクローリン展開せよ.

解答 $f(x) = \sin x$ を x で微分すると,

$$f'(x) = \cos x$$
$$f''(x) = -\sin x$$
$$f^{(3)}(x) = -\cos x$$
$$\cdots$$

となる. これらに $x = 0$ を代入すると, $f(0) = 0$, $f^{(1)} = 1$, $f^{(2)} = 0$, $f^{(3)} = -1$, $f^{(4)} = 0$, $\cdots$ となるので $f^{(2n)}(0) = 0$ である. それ以外は, 1, -1, 1, -1 と繰り返すので,

$$\sin x = x - \frac{x^3}{3!} + \frac{x^5}{5!} - \frac{x^7}{7!} + \cdots + (-1)^n \frac{x^{2n+1}}{(2n+1)!} + \cdots \quad ■$$

問題14 関数 $f(x) = \cos x$ をマクローリン展開せよ.

解答 問題13の結果から一気に求められる.

$$\sin x = x - \frac{x^3}{3!} + \frac{x^5}{5!} - \frac{x^7}{7!} + \cdots + (-1)^n \frac{x^{2n+1}}{(2n+1)!} + \cdots$$

の両辺を x で微分すると,

$$\cos x = 1 - \frac{x^2}{2!} + \frac{x^4}{4!} - \frac{x^6}{6!} + \cdots + (-1)^n \frac{x^{2n}}{(2n)!} + \cdots \quad ■$$

問題15 関数 $f(x) = e^x$ をマクローリン展開せよ.

解答 $f(x) = e^x$ の n 回微分は $f^{(n)}(x) = e^x$ なので, $f^{(n)}(0) = e^0 = 1$ となる. マクローリン展開は,

$$e^x = 1 + x + \frac{1}{2!}x^2 + \frac{1}{3!}x^3 + \cdots + \frac{1}{n!}x^n + \cdots$$

となり，きれいな形をしているのが見て取れるだろう． ■

(?) 問題 16　関数 $f(x) = \dfrac{1}{1-x}$ をマクローリン展開せよ．

解答　$f(x) = \frac{1}{1-x}$ を x で微分していくと，

$$f'(x) = \frac{1}{(1-x)^2}$$
$$f''(x) = \frac{1 \cdot 2}{(1-x)^3}$$
$$f^{(3)}(x) = \frac{1 \cdot 2 \cdot 3}{(1-x)^4}$$

となるので，$f^{(1)}(0) = 1$, $f^{(2)}(0) = 2!$, $f^{(3)}(0) = 3!$．よって，

$$\frac{1}{1-x} = 1 + x + x^2 + x^3 + \cdots$$
$$= \sum_{n=0}^{\infty} x^n$$

となり，等比数列の和の式となる． ■

(?) 問題 17　関数 $f(x) = \log(1+x)$ をマクローリン展開せよ．ただし，$-1 < x \leqq 1$ とする．

解答　$f(x) = \log(1+x)$ を x で微分していくと，

$$f'(x) = \frac{1}{1+x}$$
$$f''(x) = -\frac{1}{(1+x)^2}$$
$$f^{(3)}(x) = \frac{(-2) \cdot (-1)}{(1+x)^3} = \frac{2!}{(1+x)^3}$$
$$f^{(4)}(x) = \frac{(-3) \cdot 2!}{(1+x)^4} = -\frac{3!}{(1+x)^4}$$
$$f^{(5)}(x) = \frac{4 \cdot 3!}{(1+x)^5} = \frac{4!}{(1+x)^5}$$

となるので，$x = 0$ では

$$f^{(0)}(0) = \log(1) = 0$$
$$f^{(1)}(0) = 1$$
$$f^{(2)}(0) = -1$$
$$f^{(3)}(0) = 2!$$
$$f^{(4)}(0) = -3!$$
$$f^{(5)}(0) = 4!$$

よって,

$$
\begin{aligned}
\log(1+x) &= 0 + 1 \cdot x + \frac{(-1)}{2!}x^2 + \frac{2!}{3!}x^3 + \frac{(-3)!}{4!}x^4 + \cdots \\
&= x - \frac{1}{2}x^2 + \frac{1}{3}x^3 - \frac{1}{4}x^4 + \cdots \\
&= \sum_{n=1}^{\infty} \frac{(-1)^{n+1}}{n}x^n \quad \blacksquare
\end{aligned}
$$

 問題 18 関数 $f(x) = e^{ix}$ をマクローリン展開せよ．x は実数で，i は虚数単位である．

解答 e^x のマクローリン展開

$$e^x = 1 + x + \frac{1}{2!}x^2 + \frac{1}{3!}x^3 + \cdots + \frac{1}{n!}x^n + \cdots$$

において，x を ix に変えると，

$$
\begin{aligned}
e^{ix} &= 1 + ix + \frac{1}{2!}(ix)^2 + \frac{1}{3!}(ix)^3 + \frac{1}{4!}(ix)^4 + \frac{1}{5!}(ix)^5 + \cdots \\
&= 1 + ix - \frac{1}{2!}x^2 - i\frac{1}{3!}x^3 + \frac{1}{4!}x^4 + i\frac{1}{5!}x^5 + \cdots \\
&= \left(1 - \frac{1}{2!}x^2 + \frac{1}{4!}x^4 - \cdots\right) + i\left(x - \frac{1}{3!}x^3 + \frac{1}{5!}x^5 - \cdots\right)
\end{aligned}
$$

ここでよく見ると，第 1 項は $\cos x$，第 2 項は $\sin x$ のマクローリン展開である．よって

$$e^{ix} = \cos x + i\sin x$$

この式をオイラーの公式という (詳しくは後述する). $x = \pi$ のとき, $e^{ix} = -1$ となる. リチャード・ファインマンは, この式 $e^{ix} + 1 = 0$ を「すべての数学のなかでもっとも素晴らしい公式」と述べ, 「私たちの宝物」と評したとのことである.

第2章

微分と積分の関係

☐ 2.1 積分とは何か

積分とは，ひとかたまりのものを，小さく小分けしたものを積み上げて和を求めることをいう．

図 2.1 のような階段状の台の側面の面積を求めることを考えてみよう．

まず，点線を補助線として書き込む．そして，それぞれの長方形の面積をたし合わせる．実は，この作業こそが，まさに積分するということのイメージである．点線を補助線として書き込むことは，『小さく小分けにする』作業を行ったということである．その後，それぞれの長方形の面積をたし合わせたわけである．

続いて，図 2.2 のような，傾斜が一定の坂道があるとする．この坂道を横からみた面の面積を求めてみよう．

坂道の斜辺を x-y 座標上にとり，図 2.2 のように，補助線として点線を書き込み，短冊状の長方形を考えることにする．

いま，この座標上での直線の方程式を，簡単のため，ちょっと急斜面にはなるが $y = 2x$ とする．坂道の断面の面積は，三角形の面積の公式から，

$$S = \frac{1}{2}xy = \frac{1}{2}x \cdot 2x = x^2$$

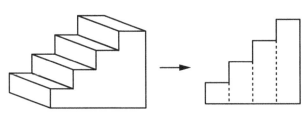

図 2.1 階段状の台の断面積の和

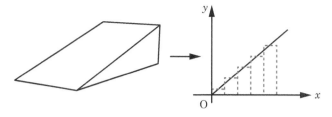

図 2.2 斜面の断面積の和

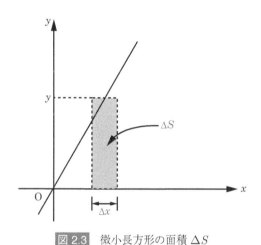

図 2.3 微小長方形の面積 ΔS

と求まる．もう少し詳しくみていこう．図 2.2 の短冊状の長方形の 1 つに注目する (図 2.3)．

この長方形の底辺を Δx とし，そのときの高さを y とすると，微小区間 Δx における微小長方形の面積 ΔS は，

$$\Delta S = y \cdot \Delta x$$

となる．ここで Δx を限りなく 0 に近づけ，Δx を dx，ΔS を dS に書き直すと，

$$dS = y \cdot dx$$

となる．$x = 0$ から $x = x$ までの小さな長方形をたし合わせれば，三角形の面積が求まる．

つまり，積分とは「$y \cdot dx$ を $x = 0$ から $x = x$ までたし合わせる」こと

であり，この作業を「y を $x = 0$ から $x = x$ まで積分する」という．また，このようにすることを，

$$\int_0^x dS = \int_0^x y dx$$

と表記する．

図 2.2 の斜面の断面積の場合は高校でも習ったとおり，

$$\int_0^x y dx = \int_0^x 2x dx = \left[x^2\right]_0^x = x^2 - 0^2 = x^2$$

y が x に対して，連続だが不規則に変化している場合でも同様に表せる．dx を非常に微小であると考えれば，不規則に変化する場合でも，極微小な長方形の面積和と考えればよい．

□ 2.2 積分学の基礎

・x の n 乗の公式

最も基本となる公式の 1 つであり，$n = 0, 1, 2, \cdots$ だけでなく，$n = \frac{1}{2}, -\frac{1}{2}, -2$ も重要である．

$$\int x^n dx = \frac{1}{n+1} x^{n+1} + C \quad (n \neq -1)$$
$$= \log |x| + C \quad (n = -1)$$

具体的には，以下の通りである．

$$\int 1 dx = x + C$$
$$\int x dx = \frac{1}{2} x^2 + C$$
$$\int x^2 dx = \frac{1}{3} x^3 + C$$
$$\int \frac{1}{x} dx = \int x^{-1} dx = \log |x| + C$$
$$\int \frac{1}{x^2} dx = \int x^{-2} dx = -x^{-1} + C$$
$$\int \sqrt{x} dx = \int x^{\frac{1}{2}} dx = \frac{2}{3} x^{\frac{3}{2}} + C$$
$$\int \frac{1}{\sqrt{x}} dx = \int x^{-\frac{1}{2}} dx = 2x^{\frac{1}{2}} + C$$

・三角関数の積分公式

$$\int \sin x\, dx = -\cos x + C$$

$$\int \cos x\, dx = \sin x + C$$

$$\int \frac{dx}{\cos^2 x} = \tan x + C$$

$$\int \frac{dx}{\sin^2 x} = -\frac{1}{\tan x} + C$$

$$\int \tan x\, dx = -\log|\cos x| + C$$

・指数関数の積分公式

$$\int e^x\, dx = e^x + C$$

$$\int a^x\, dx = \frac{a^x}{\log a} + C \quad (a>0,\ a \neq 1)$$

・対数関数の積分公式

$$\int \log x\, dx = x\log x - x + C \quad (x>0)$$

・部分積分 (不定積分・定積分) の公式

$$\int f(x)g'(x)dx = f(x)g(x) - \int f'(x)g(x)\, dx$$

$$\int_a^b f(x)g'(x)dx = \left[f(x)g(x)\right]_a^b - \int_a^b f'(x)g(x)dx$$

問題 1　$\int x\sin x\, dx$ を計算せよ.

解答　$f(x) = x,\ g'(x) = \sin x$ とおくと,

$$f'(x) = 1, \quad g(x) = -\cos x$$

なので

$$\int f(x)g'(x)dx = f(x)g(x) - \int f'(x)g(x)dx$$

より，

$$\int x \sin x dx = x(-\cos x) - \int 1 \times (-\cos x)dx$$
$$= -x\cos x + \sin x + C \quad \blacksquare$$

問題2 $\int xe^x dx$ を計算せよ．

解答 $f(x) = x,\ g'(x) = e^x$ とおくと，$f'(x) = 1,\ g(x) = e^x$ となる．

$$\int f(x)g'(x)dx = f(x)g(x) - \int f'(x)g(x)dx$$

より，

$$\int xe^x dx = xe^x - \int 1 \times e^x dx$$
$$= xe^x - e^x + C \quad \blacksquare$$

問題3 $\int xe^{ax} dx$ を計算せよ．

解答 $f(x) = x,\ g'(x) = e^{ax}$ とおくと，$f'(x) = 1,\ g(x) = \dfrac{1}{a}e^{ax}$ となる．$\int f(x)g'(x)dx = f(x)g(x) - \int f'(x)g(x)dx$ より，

$$\int xe^{ax} dx = \frac{1}{a}xe^{ax} - \int 1 \times \frac{1}{a}e^{ax}dx$$
$$= \frac{1}{a}xe^{ax} - \frac{1}{a^2}e^{ax} + C \quad \blacksquare$$

問題4 $\int \log x dx$ を計算せよ．

解答 $f(x) = \log x,\ g'(x) = 1$ とおくと，$f'(x) = \frac{1}{x},\ g(x) = x$ と

なる. $\int f(x)g'(x)dx = f(x)g(x) - \int f'(x)g(x)dx$ より,

$$\int \log x dx = x \log x - \int \frac{1}{x} x dx$$
$$= x \log x - x + C \quad \blacksquare$$

・置換積分の公式

$$\int f(x)dx = \int f(g(t))\frac{dx}{dt}dt \quad (x = g(t))$$
$$\int f(g(x))g'(x)dx = \int f(t)dt$$

(?) 問題5　$\displaystyle\int_1^e 2^{\log x}dx$ を計算せよ.

(♡) 解答　$\log x = t$ とおくと, $x = e^t$ だから

$$\frac{dx}{dt} = e^t \qquad \therefore \quad dx = e^t \cdot dt$$

また, $x = 1$ のとき $t = 0$, $x = e$ のとき $t = 1$ なので,

$$\int_1^e 2^{\log x}dx = \int_0^1 2^t \cdot e^t dt$$

ところで, $2^t = e^{t \log 2}$ なので,

$$(与式) = \int_0^1 e^{t \log 2} \cdot e^t dt = \int_0^1 e^{t(\log 2 + 1)}dt$$
$$= \left[\frac{e^{t(\log 2 + 1)}}{\log 2 + 1}\right]_0^1 = \left(\frac{e^{(\log 2 + 1)}}{\log 2 + 1} - \frac{e^0}{\log 2 + 1}\right)$$
$$= \frac{2e - 1}{\log 2 + 1} \quad \blacksquare$$

(?) 問題6　$\displaystyle\int_0^1 e^{-\sqrt{x}}dx$ を計算せよ.

(♡) 解答　$\sqrt{x} = t$ とおくと, $x = t^2$ だから

$$\frac{dx}{dt} = 2t \qquad \therefore \quad dx = 2tdt$$

また，$x = 0$ のとき $t = 0$，$x = 1$ のとき $t = 1$ だから

$$\int_0^1 e^{-\sqrt{x}}dx = 2\int_0^1 te^{-t}dt$$

$$= 2\left[t \cdot (-e^{-t})\right]_0^1 - 2\int_0^1 (-e^{-t})dt$$

$$= -2e^{-1} + 2\left[-e^{-t}\right]_0^1 = -2e^{-1} - 2e^{-1} + 2$$

$$= 2 - 4e^{-1} \quad \blacksquare$$

問題7 $\displaystyle\int_0^a \sqrt{a^2 - x^2}dx$ を計算せよ．ただし，$a > 0$.

解答 $x = a\sin\theta$ とおくと，$\dfrac{dx}{d\theta} = a\cos\theta$ となる．
$x = 0$ のとき $\theta = 0$，$x = a$ のとき $\theta = \dfrac{\pi}{2}$ だから

$$\int_0^a \sqrt{a^2 - x^2}dx = \int_0^{\frac{\pi}{2}} \sqrt{a^2 - a^2\sin^2\theta} \cdot (a\cos\theta)d\theta$$

ところで，

$$\sqrt{a^2 - a^2\sin^2\theta} = \sqrt{a^2(1 - \sin^2\theta)} = \sqrt{a^2\cos^2\theta} = |a\cos\theta|$$

であり，$a > 0$，$\cos\theta \geqq 0$ $\left(0 \leqq \theta \leqq \dfrac{\pi}{2}\right)$ なので，上式の右辺は $a\cos\theta$ となる．
よって，

$$(与式) = \int_0^{\frac{\pi}{2}} a\cos\theta \cdot a\cos\theta d\theta$$

$$= a^2\int_0^{\frac{\pi}{2}} \cos^2\theta d\theta = a^2\int_0^{\frac{\pi}{2}} \frac{1 + \cos 2\theta}{2}d\theta$$

$$= a^2\left[\frac{\theta}{2} + \frac{\sin 2\theta}{4}\right]_0^{\frac{\pi}{2}} = a^2\left\{(\frac{\pi}{4} + 0) - (0 + 0)\right\}$$

$$= \frac{a^2\pi}{4} \quad \blacksquare$$

問題8 $\displaystyle\int_0^a \frac{1}{x^2 + a^2}dx$ を計算せよ．

解答　$x = a\tan\theta$ とおくと，$\dfrac{dx}{d\theta} = \dfrac{a}{\cos^2\theta}$ となる．
$x = 0$ のとき $\theta = 0$，$x = a$ のとき $\theta = \frac{\pi}{4}$ なので

$$\int_0^a \frac{1}{x^2 + a^2}dx = \int_0^{\frac{\pi}{4}} \frac{1}{a^2\tan^2\theta + a^2} \cdot \frac{a}{\cos^2\theta}d\theta$$

ところで，$\dfrac{1}{\tan^2\theta + 1} = \dfrac{\cos^2\theta}{\sin^2\theta + \cos^2\theta} = \cos^2\theta$ より，

$$
\begin{aligned}
(\text{与式}) &= \int_0^{\frac{\pi}{4}} \frac{\cos^2\theta}{a^2} \cdot \frac{a}{\cos^2\theta}d\theta \\
&= \int_0^{\frac{\pi}{4}} \frac{1}{a}d\theta = \left[\frac{\theta}{a}\right]_0^{\frac{\pi}{4}} \\
&= \frac{\pi}{4a} \quad \blacksquare
\end{aligned}
$$

2.3　微分と積分の関係とその応用

微分と積分を比較してみよう．それぞれ，極微小量に対して，

・微分するということは，差をとって，商を考える

・積分するということは，積をとって，和を考えるということになり，これは互いに逆演算になっているといえる．

ここまでの話の展開でいうと，$y = x^2$ を x で微分すると $\dfrac{dy}{dx} = 2x$ となり，$y = 2x$ を $x = 0$ から $x = x$ まで x で積分すると，$\displaystyle\int_0^x ydx = \int_0^x 2xdx = x^2$ となる．

$$\frac{d}{dx}\int f(x)dx = f(x)$$

という逆演算となっていることがイメージできるのではなかろうか．

問題9　x 軸上を振幅が A，角振動数が ω の単振動をしている質点がある．この単振動が，$x(t) = A\cos\omega t$ と書けるとき，次の問いに答えよ．

(1) 任意の時刻 t における速度 $v(t)$ を求めよ．

(2) 任意の時刻 t における加速度 $a(t)$ を求めよ．

(3) $x(t)$ と $a(t)$ の関係を求めよ．

解答　(1) $x(t) = A\cos\omega t$ を t で微分すると，

$$v(t) = \frac{dx(t)}{dt} = -\omega A \sin \omega t$$

(2) (1) をさらに t で微分すると，

$$a(t) = \frac{dv(t)}{dt} = -\omega^2 A \cos \omega t$$

(3)(2) より

$$a(t) = -\omega^2 x(t) \quad \blacksquare$$

第 3 章

微分方程式

□ 3.1 微分方程式とは何か

微分方程式とは，未知関数とその導関数を含む方程式のことをいう．

従属変数が x，独立変数が t の場合は，独立変数が 1 つなので，常微分方程式という．導関数が 1 階であれば，1 階の微分方程式ということになる．導関数が 2 階であれば，2 階の微分方程式というわけである．独立変数が 2 つ以上ある場合は，偏微分方程式となる．

□ 3.2 1 階の微分方程式の一般解

3.2.1 直接積分による解法

$$\frac{dx}{dt} = f(t)$$

のタイプの場合は，直接 t で積分する．

$$\int \frac{dx}{dt}dt = \int f(t)dt$$
$$\therefore \quad x = \int f(t)dt + C$$

問題 1 $\dfrac{dy}{dx} = 2x$ を解け．

解答 $\dfrac{dy}{dx} = 2x$ より，$dy = 2xdx$ なので，両辺を積分すると，

$$\int dy = \int 2x dx$$
$$\therefore \quad y = x^2 + C \quad \blacksquare$$

3.2.2 変数分離による解法

$$\frac{dx}{dt} = f(t)g(x)$$

のタイプの場合は，$g(x) \neq 0$ として，変数を分離すると，

$$\frac{1}{g(x)}dx = f(t)dt$$

となるので，両辺を積分して，

$$\int \frac{1}{g(x)}dx = \int f(t)dt + C$$

となる．実際に積分を計算して，x について解けば解が求まる．

問題2　$\dfrac{dy}{dx} = xy$ を解け．

解答　$\dfrac{dy}{dx} = xy$ を変数分離して，

$$\frac{dy}{y} = xdx$$

両辺を積分して，

$$\int \frac{dy}{y} = \int xdx \quad \Longrightarrow \quad \log y = \frac{1}{2}x^2 + C'$$
$$\therefore \quad y = e^{(\frac{x^2}{2} + C')} = Ce^{\frac{x^2}{2}} \quad \blacksquare$$

問題3　$\dfrac{dy}{dx} = -y$ を解け．

解答　$\dfrac{dy}{dx} = -y$ を変数分離して，

$$\frac{dy}{y} = -dx$$

両辺を積分して,

$$\int \frac{dy}{y} = -\int dx \quad \Longrightarrow \quad \log y = -x + C'$$

$$\therefore \quad y = e^{(-x+C')} = Ce^{-x} \quad \blacksquare$$

3.2.3 線形同次方程式

$$\frac{dx}{dt} = -f(t) \cdot x$$

の形の微分方程式を線形同次方程式という (同次とは簡単にいえば, 変数 t のみの項がない場合). このタイプの場合は, 変数を分離すると,

$$\frac{dx}{x} = -f(t) \cdot dt$$

となるので, 両辺を積分して,

$$\int \frac{dx}{x} = -\int f(t) \cdot dt \quad \Longrightarrow \quad \log x = -\int f(t) \cdot dt + C'$$

$$\therefore \quad x = Ce^{-\int f(t) \cdot dt}$$

3.2.4 線形非同次方程式

$$\frac{dx}{dt} = -f(t) \cdot x + g(t)$$

を線形非同次方程式という (3.2.3 項とは異なって $g(t)$ が追加されている). このタイプの場合は, 同次方程式のような変数分離ができないので, 次のように行う.

3.2.3 項の線形同次方程式の解における C を $C(t)$ に置き換えたものを, この微分方程式の解 $x = C(t)e^{-\int f(t)dt}$ と仮定する.

両辺を t で微分すると,

$$\frac{dx}{dt} = \frac{dC(t)}{dt}e^{-\int f(t)dt} - C(t)e^{-\int f(t)dt} \cdot f(t)$$

$$= \frac{dC(t)}{dt}e^{-\int f(t)dt} - xf(t))$$

これをもとの微分方程式と比べると,

$$\frac{dC(t)}{dt}e^{-\int f(t)dt} - xf(t) = -xf(t) + g(t)$$

となるので,

$$\frac{dC(t)}{dt}e^{-\int f(t)dt} = g(t)$$

両辺に, $e^{\int f(t)dt}$ を掛けると,

$$\frac{dC(t)}{dt} = g(t)e^{\int f(t)dt}$$

両辺を積分して,

$$C(t) = \int g(t)e^{\int f(t)dt}dt + C$$

以上から, 一般解は,

$$x = e^{-\int f(t)dt} \cdot \left\{ \int g(t)e^{\int f(t)dt}dt + C \right\}$$

となる.

3.2.5 完全形微分方程式

$$\frac{dx}{dt} = -\frac{f(x,t)}{g(x,t)}$$

のタイプを完全形微分方程式という. これの解法をみてみよう.

両辺を払うと, $f(x,t)dt + g(x,t)dx = 0$ となる. ここで, ある関数 $u(x,t)$ について

$$\frac{\partial u}{\partial t} = f(x,t), \quad \frac{\partial u}{\partial x} = g(x,t) \quad \cdots ①$$

が成り立つとき完全形という. このとき,

$$du = \frac{\partial u}{\partial t}dt + \frac{\partial u}{\partial x}dx = 0$$

のように，全微分が 0 となる．微分方程式の解は，

$$u(x,t) = C \quad (C \text{ は定数})$$

となる．

　具体的に解いてみよう．

$$\frac{\partial u}{\partial t} = f(x,t)$$

$$\frac{\partial u}{\partial x} = g(x,t)$$

より，

$$\frac{\partial^2 u}{\partial t \partial x} = \frac{\partial f(x,t)}{\partial x}$$

$$\frac{\partial^2 u}{\partial x \partial t} = \frac{\partial g(x,t)}{\partial t}$$

となる．つまり，

$$\frac{\partial f(x,t)}{\partial x} = \frac{\partial g(x,t)}{\partial t}$$

である．ここで，少々，技巧的ではあるが，式①を満たす $u(x,t)$ の解として，

$$u(x,t) = \int f(x,t)dt + \varphi(x)$$

とおいてみる．これを，式①に代入すると，

$$\frac{\partial u}{\partial x} = g(x,t) = \frac{\partial}{\partial x}\int f(x,t)dt + \frac{d\varphi(x)}{dx}$$

$$\therefore \quad \frac{d\varphi(x)}{dx} = g(x,t) - \frac{\partial}{\partial x}\int f(x,t)dt$$

よって，

$$\varphi(x) = \int \left\{ g(x,t) - \frac{\partial}{\partial x}\int f(x,t)dt \right\} dx$$

以上から，一般解は，

$$u(x,t) = \int f(x,t)dt + \int \left\{ g(x,t) - \frac{\partial}{\partial x}\int f(x,t)dt \right\} dx$$

□ 3.3 2階の微分方程式の一般解

3.3.1 2階同次線形微分方程式

2階同次線形微分方程式の1つの例としてとして,

$$\frac{d^2x}{dt^2} + a \cdot \frac{dx}{dt} + b \cdot x = 0 \quad (a,\ b\ は定数)$$

の一般解を求めてみる.

まず, k を定数とする微分方程式 $\frac{dx}{dt} + k \cdot x = 0$ を思い出そう. この式の一般解は, 変数分離法を用いて,

$$x(t) = Ce^{-kt}$$

と表せた. そこで, λ を適当に選び, 与えられた2階同次線形微分方程式の解を,

$$x(t) = e^{\lambda t}$$

と, おいてみると,

$$\frac{dx}{dt} = \lambda e^{\lambda t}, \quad \frac{d^2x}{dt^2} = \lambda^2 e^{\lambda t}$$

となる. これを, もとの微分方程式に代入すると,

$$(\lambda^2 + a\lambda + b) \cdot e^{\lambda t} = 0$$

となる. つまり, λ が, $\lambda^2 + a\lambda + b = 0$ の解であれば,

$$x(t) = e^{\lambda t}$$

が, 与えられた微分方程式の解となる. なお, この λ を含んだ2次方程式を, 特性方程式という.

3.3.2 特性方程式

特性方程式については, 次の3つの場合にわけて考える必要がある.

・特性方程式が2つの異なる実数解をもつ場合
・特性方程式が2つの複素共役な解をもつ場合

· 重解 (実数) をもつ場合

(i) 特性方程式が 2 つの異なる実数解をもつ場合 (判別式 $D > 0$)

$$\lambda = \frac{-a \pm \sqrt{a^2 - 4b}}{2}$$

$$\lambda_1 = \frac{-a + \sqrt{a^2 - 4b}}{2}, \quad \lambda_2 = \frac{-a - \sqrt{a^2 - 4b}}{2}$$

$$x(t) = e^{\lambda_1 t}, \quad x(t) = e^{\lambda_2 t}$$

とおける. これらは, 1 次独立な解なので, C_1, C_2 を定数として, 一般解は,

$$x(t) = C_1 e^{\lambda_1 t} + C_2 e^{\lambda_2 t}$$

(ii) 特性方程式が 2 つの複素共役な解をもつ場合 (判別式 $D < 0$)

特性方程式が 2 つの異なる実数解をもつ場合の一般解は,

$$x(t) = C_1 e^{\lambda_1 t} + C_2 e^{\lambda_2 t}$$

となったわけであるが, ここで, λ_1 と λ_2 が共役複素数であるとすれば,

$$\lambda_1 = p + iq, \quad \lambda_2 = p - iq \quad (p, q \text{ は実数}, q \neq 0)$$

と書けるので, これらを, 前述の一般解に代入すると,

$$x(t) = C_1 e^{(p+iq)t} + C_2 e^{(p-iq)t}$$

となる. ところで, オイラーの公式 $e^{i\theta} = \cos\theta + i\sin\theta$, $e^{-i\theta} = \cos\theta - i\sin\theta$ を活用すると,

$$e^{(p+iq)t} = e^{pt} \cdot e^{iqt} = e^{pt} \cdot (\cos qt + i\sin qt)$$
$$e^{(p-iq)t} = e^{pt} \cdot e^{-iqt} = e^{pt} \cdot (\cos qt - i\sin qt)$$

2 階の微分方程式の一般解

と書けるので，もとの式に戻ると，

$$x(t) = C_1 e^{pt} \cdot (\cos qt + i \sin qt) + C_2 e^{pt} \cdot (\cos qt - i \sin qt)$$
$$= e^{pt} \{ (C_1 + C_2) \cos qt + i(C_1 - C_2) \sin qt \{$$

ここで $C_1 + C_2 = A$, $i(C_1 - C_2) = B$ とおくと，一般解は次のようになる．

$$x(t) - e^{pt}(A \cos qt + B \sin qt)$$

(iii) 特性方程式が重解 (実数解) をもつ場合 (判別式 $D = 0$)

特性方程式が重解をもつので $D = 0$ より，

$$D = a^2 - 4b = 0 \qquad \therefore \quad b = \frac{a^2}{4}$$

また，$\lambda_1 = \lambda_2 = \lambda$ となるので，$\lambda = -\dfrac{a}{2}$ である．したがって，1 つの解は，

$$x(t) = e^{-\frac{a}{2}t}$$

さらにもう 1 つの解を求めるため，ここで任意の関数 $C(t)$ を導入する．任意の関数でいいので，$C(t) = t$ とする．

$$x(t) = te^{-\frac{a}{2}t} = te^{\lambda_1 t}$$

と書けるので，これをもとの微分方程式 $\dfrac{d^2 x}{dt^2} + a\dfrac{dx}{dt} + bx = 0$ に代入し，整理してみる．x を t で微分してみると

$$\frac{dx}{dt} = 1 \cdot e^{\lambda_1 t} + t\lambda_1 e^{\lambda_1 t} = (\lambda_1 t + 1)e^{\lambda_1 t}$$
$$\frac{d^2 x}{dt^2} = \left\{ (\lambda_1 t + 1)e^{\lambda_1 t} \right\}' = \lambda_1 e^{\lambda_1 t} + (\lambda_1 t + 1)\lambda_1 e^{\lambda_1 t}$$
$$= (\lambda_1^2 t + 2\lambda_1)e^{\lambda_1 t}$$

なので，微分方程式は

$$(\lambda_1^2 t + 2\lambda_1)e^{\lambda_1 t} + a(\lambda_1 t + 1)e^{\lambda_1 t} + bte^{\lambda_1 t}$$
$$= (\lambda_1^2 + a\lambda_1 + b)te^{\lambda_1 t} + (2\lambda_1 + a)e^{\lambda_1 t}$$

ここで，$\lambda_1^2 + a\lambda_1 + b$ は特性方程式の解なので 0 である．また，$2\lambda_1 + a$ も，$\lambda = -\dfrac{a}{2}$ より 0 である．

表 3.1　微分方程式のまとめ

特性方程式の解	一般解
異なる実数解　λ_1, λ_2	$x = C_1 e^{\lambda_1 t} + C_2 e^{\lambda_2 t}$
共役複素解　$\lambda_1 = p + iq, \lambda_2 = p - iq$	$x = e^{qt}(A\cos qt + B\sin qt)$
重解　$\lambda = -\frac{a}{2}$	$x = (C_1 + C_2 t)e^{\lambda t}$

これらのことから，$\dfrac{d^2x}{dt^2} + a\dfrac{dx}{dt} + bx = 0$ が満たされており，したがって

$$x(t) = te^{\lambda_1 t}$$

も解である．

　以上から，一般解は，

$$x(t) = (C_1 + C_2 \cdot t)e^{\lambda t} \quad (C_1, \ C_2 は任意定数, \lambda = -\frac{a}{2})$$

それでは，いろいろ基本的な微分方程式を解いてみよう．

問題 4　$\dfrac{dy}{dx} + y = 1$ を解け．

解答　$\dfrac{dy}{dx} + y - 1 = 0$ より，$y = 1$ はこの方程式を満たす．$y \neq 1$ のとき，

$$\frac{dy}{dx} = -(y - 1)$$

$$\implies \quad \frac{dy}{y - 1} = -dx$$

$$\implies \quad \log|y - 1| = -x + C'$$

$$\implies \quad y - 1 = Ce^{-x}$$

$$\therefore \quad y = Ce^{-x} + 1 \quad \blacksquare$$

問題 5　「特性方程式が異なる実数解をもつ」次の微分方程式の一般解を求めよ．

$$\frac{d^2y}{dx^2} + \frac{dy}{dx} - 2y = 0$$

解答 特性方程式は,

$$\lambda^2 + \lambda - 2 = 0 \quad \Longrightarrow \quad (\lambda + 2)(\lambda - 1) = 0 \quad \therefore \quad \lambda = -2,\ 1$$

なので, 一般解は, C_1, C_2 を定数として,

$$y = C_1 e^{-2x} + C_2 e^x \quad \blacksquare$$

 問題6 「特性方程式が異なる共役複素解をもつ」次の微分方程式の一般解を求めよ.

$$\frac{d^2y}{dx^2} - 2\frac{dy}{dx} + 2y = 0$$

 解答 特性方程式は,

$$\lambda^2 - 2\lambda + 2 = 0 \quad \therefore \quad \lambda = 1 \pm \sqrt{1^2 - 2} = 1 \pm i$$

となり, 共役複素解なので, 微分方程式の解は, A, B を定数として,

$$y = e^x(A\cos x + B\sin x) \quad \blacksquare$$

問題7 「特性方程式が重解をもつ」次の微分方程式の一般解を求めよ.

$$\frac{d^2y}{dx^2} - 2\frac{dy}{dx} + y = 0$$

解答 特性方程式は,

$$\lambda^2 - 2\lambda + 1 = (\lambda - 1)^2 = 0 \quad \therefore \quad \lambda = 1$$

なので, 微分方程式の一般解は, C_1, C_2 を定数として,

$$y = (C_1 + C_2 x)e^x \quad \blacksquare$$

 問題8　質量 m の物体が，抵抗力 $f = kv$ を受けて落下運動する場合の終端速度 v_∞ を求めよ.

解答　運動方程式を立てると，

$$m\frac{d^2 x}{dt^2} = m\frac{dv}{dt} = mg - kv$$

となる. 両辺を m で割ると，

$$\frac{dv}{dt} = g - \frac{k}{m}v = -\frac{k}{m}(v - \frac{mg}{k})$$

変数分離して，

$$\frac{dv}{v - \frac{mg}{k}} = -\frac{k}{m}dt$$

と変形して，両辺を積分すると，

$$\int \frac{dv}{v - \frac{mg}{k}} = -\int \frac{k}{m}dt$$

となる.

$$\log\left|v - \frac{mg}{k}\right| = -\frac{k}{m}t + C \quad (C \text{ は定数})$$

なので，

$$\left|v - \frac{mg}{k}\right| = Ae^{-\frac{k}{m}t} \quad (A \text{ は定数})$$

時刻 $t = 0$ に落下し始めるので，$v_0 = 0$ である. したがって，

$$A = -\frac{mg}{k} \quad \therefore \quad v - \frac{mg}{k} = -\frac{mg}{k}e^{-\frac{k}{m}t}$$

なので，物体の速さ v は

$$v = \frac{mg}{k}(1 - e^{-\frac{k}{m}t})$$

であることがわかる. ここで，$t \to \infty$ で $e^{-t} \to 0$ なので，求める終端速度は，

$$v_\infty = \lim_{t \to \infty} v = \frac{mg}{k} \quad \blacksquare$$

 問題 9　投射した点を原点として，初速度を $v_{x0} = v_0$ とする水平投射を行った．水平右向きおよび鉛直下向きをそれぞれ正として，物体の運動の軌道を表す式を求めよ．

解答　運動方程式は，

$$m\frac{d^2x}{dt^2} = 0, \quad m\frac{d^2y}{dt^2} = mg$$

となるので，加速度は，

$$\frac{d^2x}{dt^2} = 0, \quad \frac{d^2y}{dt^2} = g$$

となる．これを時間 t について積分すると速度が求まる．速度は，

$$\frac{dx}{dt} = v_x = C_1, \quad \frac{dy}{dt} = v_y = gt + C_2$$

となるが，初期条件が $v_{x0} = v_0$，$v_{y0} = 0$ なので，$v_x = v_0$，$v_y = gt$ となる．さらに，これらの式を時間 t について積分すると距離が求まる．

$$x = v_0 t + C_3, \quad y = \frac{1}{2}gt^2 + C_4$$

となる．初期条件 $x = 0$，$y = 0$ より

$$x = v_0 t, \quad y = \frac{1}{2}gt^2$$

と書ける．この 2 式から t を消去すると，

$$y = \frac{g}{2v_0^2}x^2$$

という原点を通る放物線が得られる．　$\blacksquare$

問題 10　放物体に作用する抵抗力は，速度が小さいときは速度に比例する．このような抵抗力が作用する場合の放物体の軌道を求めよ．

解答　x 成分の正を右向きとし，y 成分の正を上向きにとる．抵抗力の x 成分は v_x に比例し，y 成分は v_y に比例するので，k を比例定数とし抵抗力を kmv とすれば，運動方程式は，

$$x \text{成分}: \quad m\frac{dv_x}{dt} = -kmv_x$$

$$y \text{成分}: \quad m\frac{dv_y}{dt} = kmv_y - mg$$

となる．x 成分の式の両辺を m で割ると，

$$\frac{dv_x}{dt} = -kv_x$$

となり，これを変数分離すると，

$$\frac{dv_x}{v_x} = -kdt$$

両辺を積分すると，

$$\log|v_x| = -kt + C_1 \quad (C_1 \text{は定数})$$

$$\therefore \quad v_x = Ae^{-kt} \quad (A \text{は定数})$$

ところで，初期条件より，$t = 0$ のとき $v_x = v_{0x}$ なので，$A = v_{0x}$．よって

$$v_x = \frac{dx}{dt} = v_{0x}e^{-kt}$$

となる．さらに積分して，

$$x = \int v_x dt = -\frac{1}{k}v_{0x}e^{-kt} + C_2 \quad (C_2 \text{は定数})$$

初期条件 $t = 0$ のとき $x = 0$ なので，$C_2 = \frac{v_{0x}}{k}$．よって

$$x = \frac{v_{0x}}{k}(1 - e^{-kt})$$

となる．次に y 成分の式の両辺を m で割ると，

$$\frac{dv_y}{dt} = -kv_y - g = -k\left(v_y + \frac{g}{k}\right)$$

変数分離して，両辺を積分すると，

$$\frac{dv_y}{v_y + \frac{g}{k}} = -kdt \quad \Longrightarrow \quad \log\left|v_y + \frac{g}{k}\right| = -kt + C_3 \quad (C_3 は定数)$$

$$\therefore \quad v_y + \frac{g}{k} = Be^{-kt} \quad (B は定数)$$

初期条件より，$t = 0$ のとき $v_y = v_{0y}$ なので，

$$B = v_{0y} + \frac{g}{k}$$

となるので，

$$v_y = \frac{dy}{dt} = (v_{0y} + \frac{g}{k})e^{-kt} - \frac{g}{k}$$

となる．さらに積分すると，

$$y = -\frac{g}{k}t - \frac{1}{k}(v_{0y} + \frac{g}{k})e^{-kt} + C_4 \quad (C_4 は定数)$$

初期条件は，$t = 0$ で $y = 0$ なので，

$$C_4 = \frac{1}{k}(v_{0y} + \frac{g}{k})$$

よって，

$$y = -\frac{g}{k}t - \frac{1}{k}(v_{0y} + \frac{g}{k})e^{-kt} + \frac{1}{k}(v_{0y} + \frac{g}{k})$$
$$= -\frac{g}{k}t + \frac{1}{k}(v_{0y} + \frac{g}{k})(1 - e^{-kt}) \quad \blacksquare$$

軌道は，t をパラメーターとする x, y 成分の式を用いて描くことができる．

問題11　質量 $m = \frac{4}{3}\pi r^3$ の球形の雨滴が落下しながら水蒸気を吸着して成長するとする．吸着量 dm は，雨滴の表面積 $4\pi r^2$ に比例し，その比例係数は単位時間あたり a とする．$t = 0$ のときの半径を r_0，初速を 0，重力加速度を g とする．

(1) 任意の時刻 t における半径 r を r_0, a を用いて求めよ．

(2) 任意の時刻 t における速度 v を r_0, a, g を用いて求めよ．

解答　(1)$m = \frac{4}{3}\pi r^3$ なので，r で微分することにより，$dm = 4\pi r^2 dr$ である．一方，題意より，dm は時間 dt に対して $dm = a \cdot 4\pi r^2 dt$ なので，

$$dm = 4\pi r^2 dr = a \cdot 4\pi r^2 dt \qquad \therefore \quad dr = a \cdot dt$$

$$\int dr = a \int dt \qquad \therefore \quad r = at + C$$

$t = 0$ のとき，$r = r_0$ より，$r_0 = 0 + C$ だから $C = r_0$．よって，$r = at + r_0$ となる．半径は時間に比例して大きくなることがわかる．

(2) 鉛直下向きを正として，雨滴がもつ空気抵抗を無視できるとする．運動量変化が力積に等しいので，

$$\frac{d(mv)}{dt} = mg$$

が成り立つ（m は t と r の関数であることに注意しよう）．積の微分なので

$$m\frac{dv}{dt} + v\frac{dm}{dt} = mg$$

$$\Longrightarrow \quad m\frac{dv}{dt} + v\frac{dm}{dr} \cdot \frac{dr}{dl} = mg$$

この式に $m = \frac{4}{3}\pi r^3$，$\frac{dm}{dr} = 4\pi r^2$，$\frac{dr}{dt} = a$ を代入して整理すると

$$\frac{dv}{dr} = -\frac{3}{r}v + \frac{g}{a}$$

となる．これは 3.2.4 項の線形非同次方程式である．

まず，$\frac{g}{a} = 0$ とした同次方程式 $\frac{dv}{dr} = -\frac{3}{r}v$ を解くと，$v = Cr^{-3}$（C は定数）となる．

ここで，定数 C を関数 $C(r)$ に置き換えたもの $v = C(r)r^{-3}$ を元の非同次方程式の解と仮定して代入すると

$$\frac{d(C(r)r^{-3})}{dr} = -\frac{3}{r}C(r)r^{-3} + \frac{g}{a}$$

$$\Longrightarrow \quad \frac{dC}{dr}r^{-3} - 3C(r)r^{-4} = -\frac{3}{r}C(r)r^{-3} + \frac{g}{a}$$

$$\therefore \quad \frac{dC}{dr}r^{-3} = \frac{g}{a}$$

となる．これは変数分離型の簡単な微分方程式で解は

$$C = \frac{g}{4a}r^4 + C' \qquad (C' は定数)$$

$$\therefore \quad v = \left(\frac{g}{4a}r^4 + C'\right)r^{-3}$$

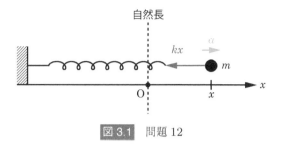

図 3.1 問題 12

$t = 0$ のとき，$r = r_0$，$v = 0$ より，$C' = -\dfrac{gr_0^4}{4a}$ なので

$$v = \frac{gr}{4a} - \frac{gr_0^4}{4ar^3} \quad \blacksquare$$

問題 12 ばね定数 k のばねに質量 m のおもりつけて角振動数 ω の単振動をさせた．振幅を A としたとき，変位 x の式は，初期位相を φ とすると，

$$x(t) = A\sin(\omega t + \varphi), \quad \omega = \sqrt{\frac{k}{m}}$$

と書ける．

(1) 変位の式を，運動方程式より導出せよ．

(2) 初期条件は，時刻 $t = 0$ で $x = A$ であった．変位の式を求めよ．

解答 (1) 図 3.1 のように座標軸をとり，加速度の向きを右向きを正とすると，運動方程式は，

$$ma = m\frac{d^2x}{dt^2} = -kx$$

となる．この微分方程式を変形すると，

$$\frac{d^2x}{dt^2} + \frac{k}{m}x = 0$$

となるので，特性方程式を立てて解くと，

$$\lambda^2 + \frac{k}{m} = 0 \quad \therefore \quad \lambda = \pm i\sqrt{\frac{k}{m}}$$

となって，共役複素解をもつ．よって微分方程式の一般解は，P，Q を定数
として，

$$x = P \cos \sqrt{\frac{k}{m}} t + Q \sin \sqrt{\frac{k}{m}} t$$

となる．この式は，さらに三角関数の合成を使って

$$x = \sqrt{P^2 + Q^2} \sin(\sqrt{\frac{k}{m}} t + \varphi) \quad (\text{ただし } \tan \varphi = Q/P)$$

と変形できる．$\sqrt{P^2 + Q^2}$ は定数なので A とおき，$\sqrt{\frac{k}{m}} = \omega$ とおくと，

$$x = A \sin(\omega t + \varphi)$$

$(2) t = 0$ のとき $x = A$ なので，

$$A = A \sin(0 + \varphi) = A \sin \varphi \quad \therefore \quad \varphi = \frac{\pi}{2}$$

$$\therefore \quad x = A \sin(\omega t + \frac{\pi}{2}) = A \cos \omega t$$

よって，

$$x = A \cos \sqrt{\frac{k}{m}} t \quad \blacksquare$$

(?) 問題 13　図 3.2 のように，インダクタンス L のコイルと，抵抗値が
R の抵抗を直列に接続したものに，起電力 E の電池を接続し，スイッチ S を
閉じたところ過渡現象がみられた．次の問いに答えよ．

(1) 電流の変化を表す式を示せ．

(2) (1) のグラフの概形を描け．

(3) コイルの時定数 τ を求めよ．

💡 解答　(1) スイッチを閉じると，コイルに逆起電力 $-L\dfrac{dI}{dt}$ が生じる．
キルヒホッフの法則より，

$$E - L\frac{dI}{dt} = RI$$

となる．この式を書き換えると，

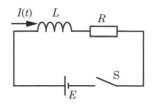

図 3.2 問題 13

$$\frac{dI}{dt} = \frac{E - RI}{L} = \frac{R}{L}\left(\frac{E}{R} - I\right)$$
$$= -\frac{R}{L}\left(I - \frac{E}{R}\right)$$

となる. 変数分離すると,

$$\frac{dI}{I - \frac{E}{R}} = -\frac{R}{L}dt$$

両辺を積分すると,

$$\int \frac{dI}{I - \frac{E}{R}} = -\frac{R}{L}\int dt$$
$$\implies \quad \log\left|I - \frac{E}{R}\right| = -\frac{R}{L}t + C \quad (C \text{ は定数})$$
$$\therefore \quad I - \frac{E}{R} = Ae^{-\frac{R}{L}t}$$

初期条件より $t = 0$ で, $I = 0$ なので,

$$A = -\frac{E}{R}$$

となる. よって,

$$I - \frac{E}{R} = -\frac{E}{R}e^{-\frac{R}{L}t} \quad \therefore \quad I = \frac{E}{R}(1 - e^{-\frac{R}{L}t})$$

(2)(1) で得られた式で $t \to \infty$ とすると, $I_{\infty} = \frac{E}{R}$(定常電流) となる. この式の概形をグラフ化すると, 図 3.3 のようになる.

(3) 時定数とは, スイッチを閉じてから, 電流が最終値 $I_{\infty} = \frac{E}{R}$ の $(1 - \frac{1}{e}) = 0.63$ 倍になるまでの時間 τ のことであるので,

$$I(\tau) = \frac{E}{R}(1 - \frac{1}{e}) = \frac{E}{R}(1 - e^{-\frac{R}{L}\tau})$$

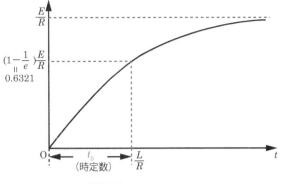

図 3.3 問題 13 解答

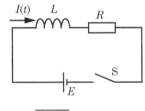

図 3.4 問題 14

$$e^{-1} = e^{-\frac{R}{L}\tau} \qquad \therefore \quad \tau = \frac{L}{R} \quad \blacksquare$$

問題 14 図 3.4 のように, インダクタンス L のコイルと, 抵抗値が R の抵抗を直列に接続したものに, 起電力 E の電池を接続し, スイッチ S を閉じて十分に時間が経過してから, スイッチ S を開いたところ過渡現象がみられた. 次の問いに答えよ.

(1) 電流の変化を表す式を示せ.

(2)(1) のグラフの概形を描け.

(3) コイルの時定数 τ を求めよ.

解答 (1) スイッチを開くと, コイルに逆起電力 $-L\dfrac{dI}{dt}$ が生じる. キルヒホッフの法則より,

$$-L\frac{dI}{dt} = RI$$

となる. 変数分離すると,

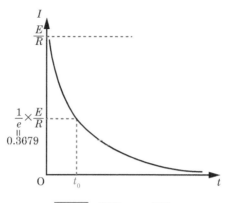

図 3.5　問題 14 の解答

$$\frac{dI}{I} = -\frac{R}{L}dt$$

両辺を積分すると,

$$\int \frac{dI}{I} = -\frac{R}{L} \int dt \quad \Longrightarrow \quad \log I = -\frac{R}{L}t + C \quad (C \text{ は定数})$$
$$\therefore \quad I = Ae^{-\frac{R}{L}t} \quad (A \text{ は定数})$$

ここで, $t = 0$ のとき, $I = I_0 (= E/R)$ より,

$$A = I_0 = \frac{E}{R}$$

なので,

$$I = \frac{E}{R}e^{-\frac{R}{L}t}$$

(2)(1) の式で, $t \to \infty$ とすると $I_\infty = 0$ となる. よってグラフの概形は,
図 3.5 となる.

(3) 時定数を τ とおくと,

$$e^{-1} = e^{-\frac{R}{L}\tau} \quad \therefore \quad \tau = \frac{L}{R} \quad \blacksquare$$

補足　この問題より, スイッチを切ってから電流が $\frac{E}{R}$ の $\frac{1}{e}$ 倍になるまで
の時間も時定数であることがわかる.

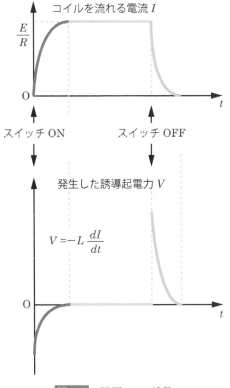

図 3.6 問題 14 の補足

　ところで，発生する誘導起電力 V は，スイッチを閉じたとき (**ON**) より
も，スイッチを開いたとき (**OFF**) のほうが大きいことがわかる (図 3.6).
例えば，コイルとネオン管 (50V 以上で点灯) を並列につないだ回路に乾電
池を接続したとき，スイッチを閉じてもネオン管は点灯しないが開いたとき
には点灯する．**ON** では電流は徐々に増加するのに対し，**OFF** では電流は急
激に 0 になる.

問題 15　図 3.7 のように電気容量が C のコンデンサーと抵抗値が
R の抵抗を直列に接続したものに起電力 E の電池を接続し，スイッチを閉じ
たところ，過渡現象がみられた．電流の変化を表す式を示せ.

解答　回路に電流 I が流れているとき，抵抗では $V_R = RI$ の電圧降
下が生じている．また，電流によって，コンデンサーに $\pm q$ の電荷が運ばれ

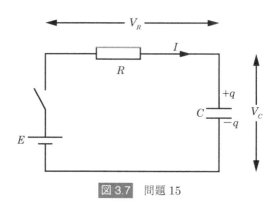

図 3.7　問題 15

ると，コンデンサーの両端には $V_C = \dfrac{q}{C}$ の電位差が生じる．以上から，キルヒホッフの第 2 法則を用いて，

$$E = V_R + V_C = RI + \frac{q}{C}$$

となる．ところで $I = \dfrac{dq}{dt}$ なので，

$$E = R\frac{dq}{dt} + \frac{1}{C}q \quad \Longrightarrow \quad R\frac{dq}{dt} = E - \frac{1}{C}q = \frac{CE - q}{C}$$

$$\therefore \quad \frac{dq}{dt} = -\frac{q - CE}{RC}$$

変数分離すると，

$$\frac{dq}{q - CE} = -\frac{dt}{RC}$$

両辺を積分すると，

$$\int \frac{dq}{q - CE} = -\int \frac{dt}{RC}$$

$$\Longrightarrow \quad \log|q - CE| = -\frac{t}{RC} + A \quad (A \text{ は定数})$$

$$\therefore \quad q - CE = Be^{-\frac{t}{RC}} \quad (B \text{ は定数})$$

ここで，$t = 0$ のとき $q = 0$ なので，$B = -CE$ である．よって

$$q - CE = -CEe^{-\frac{t}{RC}}$$

$$\therefore \quad q = CE - CEe^{-\frac{t}{RC}} = CE(1 - e^{-\frac{t}{RC}})$$

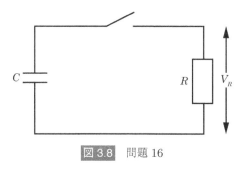

図 3.8　問題 16

よって,

$$I = \frac{dq}{dt} = \frac{E}{R}e^{-\frac{t}{RC}} \quad \blacksquare$$

補足　$t \to \infty$ とすると, $I = 0$ となる. コンデンサーの両端には, キルヒホッフの第 2 法則より, $V_C = E$ となることがわかり, 抵抗のない場合と同じである.

問題16　図 3.8 のような回路において, 電気容量 C のコンデンサーを電圧 V で充電した後, 抵抗値が R の抵抗を直列に接続し放電したところ, 過渡現象を示した. 電流の変化を表す式を示せ.

解答　初期条件 $(t = 0)$ でのコンデンサーの電気量を $q_0 = CV$ とし, 時刻 t での電気量を q とすると, 電流は $I = -\dfrac{dq}{dt}$ となる. このときコンデンサーの両端には $\dfrac{q}{C}$ の電位差が生じる. コンデンサーに並列に入っている抵抗の両端には, $RI = -R\dfrac{dq}{dt}$ の電圧降下が生じ, コンデンサーの両端と抵抗の両端の電位差が等しくなる. 回路をめぐるように, キルヒホッフの第 2 法則を用いると,

$$R\frac{dq}{dt} + \frac{q}{C} = 0 \quad \Longrightarrow \quad \frac{q}{C} = -R\frac{dq}{dt}$$

変数分離して,

$$\frac{dq}{q} = -\frac{1}{RC}dt$$

両辺を積分すると,

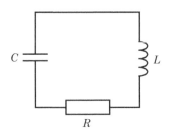

図 3.9 問題 17

$$\int \frac{dq}{q} = -\frac{1}{RC}\int dt \quad \Longrightarrow \quad \log q = -\frac{1}{RC}t + C$$
$$\therefore \quad q = Ae^{-\frac{1}{RC}t}$$

ここで，$t = 0$ のとき，$q_0 = CV$ より，

$$A = q_0 = CV$$
$$\therefore \quad q = q_0 e^{-\frac{t}{RC}} = CVe^{-\frac{t}{RC}}$$
$$\therefore \quad I = -\frac{dq}{dt} = \frac{V}{R}e^{-\frac{t}{RC}} \quad ■$$

補足　$t \to \infty$ とすると，$q \to 0$，$I \to 0$ となる．

問題 17　図 3.9 のように，自己インダクタンス L のコイル，電気容量 C のコンデンサー，抵抗値 R の抵抗を直列に接続した．コンデンサーに蓄えられた電気量が q であったとするとき，この回路に流れる電流 i を求めよ．

解答　コンデンサーが放電して電流が流れる．回路を流れる電流を i とした場合，$i = -\dfrac{dq}{dt}$ である．キルヒホッフの第 2 法則より，

$$\frac{q}{C} = L\frac{di}{dt} + Ri$$

この式を t で微分すると，

$$\frac{1}{C}\frac{dq}{dt} = L\frac{d^2 i}{dt^2} + R\frac{di}{dt}$$

上式に，$i = -\dfrac{dq}{dt}$ を代入して

$$-\frac{1}{C}i = L\frac{d^2i}{dt^2} + R\frac{di}{dt} \quad \therefore \quad \frac{d^2i}{dt^2} + \frac{R}{L}\cdot\frac{di}{dt} + \frac{1}{LC}i = 0$$

この微分方程式の特性方程式は,

$$\lambda^2 + \frac{R}{L}\cdot\lambda + \frac{1}{LC} = 0$$

であり，この解は,

$$\lambda = \frac{-\frac{R}{L} \pm \sqrt{(\frac{R}{L})^2 - \frac{4}{LC}}}{2} = \frac{1}{2L}\left\{-R \pm \sqrt{R^2 - \frac{4L}{C}}\right\}$$

となる．判別式で場合わけする．(i) 判別式 $D > 0 \quad \to \quad R > 2\sqrt{\frac{L}{C}}$ のとき，C_1, C_2 を定数として,

$$i(t) = C_1 e^{\lambda_1 t} + C_2 e^{\lambda_2 t},$$
$$\lambda_1, \lambda_2 = \frac{1}{2L}\left\{-R \pm \sqrt{R^2 - \frac{4L}{C}}\right\}$$

(ii) 判別式 $D = 0 \quad \to \quad R = 2\sqrt{\frac{L}{C}}$ のとき，C_1, C_2 を定数として,

$$i(t) = (C_1 + C_2 t)e^{\lambda t}, \quad \lambda = -\frac{R}{2L}$$

(iii) 判別式 $D < 0 \quad \to \quad R < 2\sqrt{\frac{L}{C}}$ のとき，A, B を定数として,

$$i(t) = e^{pt}(A\cos qt + B\sin qt)$$
$$p = -\frac{R}{2L}, \quad q = \frac{1}{2L}\sqrt{\frac{4L}{C} - R^2} \quad \blacksquare$$

 問題18 　なめらかな水平面上で，ばね定数 k のばねの一端に質量 m のおもりを取りつけ他端を固定した．おもりを水平面上で振動させたときの一般解を求めよ.

解答 　ばねの平衡からのずれを x とすると，運動方程式は,

$$m\frac{d^2x}{dt^2} = -kx$$

したがって，特性方程式は，

$$m\lambda^2 + k = 0$$

となる．よって，$\omega = \sqrt{\frac{k}{m}}$ として，$\lambda = \pm i\omega$ という解をもつ．したがって，2つの独立な解は，$\cos\omega t$ と $\sin\omega t$ である．一般解は，

$$x(t) = A\cos\omega t + B\sin\omega t = 0, \quad \omega = \sqrt{\frac{k}{m}} \quad \blacksquare$$

問題19 摩擦のある水平面上で，ばね定数 k のばねの一端に質量 m のおもりを取りつけ他端を固定した．おもりを水平面上で振動させたときの一般解を求めよ．摩擦力は速度に比例するとする．

解答 ばねの平衡からのずれを x とし，摩擦係数を b とすると，運動方程式は，

$$m\frac{d^2x}{dt^2} = -kx - b\frac{dx}{dt}$$

ここで，$\gamma = \frac{b}{2m}$，$\omega = \sqrt{\frac{k}{m}}$ とおくと

$$\frac{d^2x}{dt^2} + 2\gamma\frac{dx}{dt} + \omega^2 x = 0$$

したがって，特性方程式は，

$$\lambda^2 + 2\gamma\lambda + \omega^2 = 0$$

となる．よって，$\lambda = -\gamma \pm \sqrt{\gamma^2 - \omega^2}$ という解をもつ．したがって，一般解は判別式によって3つの場合わけが必要となる．

(i) 判別式が正の場合 (過減衰)：$\gamma > \omega$

$$x = e^{-\gamma t}(C_1 e^{t\sqrt{\gamma^2-\omega^2}} + C_2 e^{-t\sqrt{\gamma^2-\omega^2}})$$

(ii) 判別式が負の場合 (減衰振動)：$\gamma < \omega$

$$x = e^{-\gamma t}(C_1 \cos t\sqrt{\omega^2-\gamma^2} + C_2 \sin t\sqrt{\omega^2-\gamma^2})$$

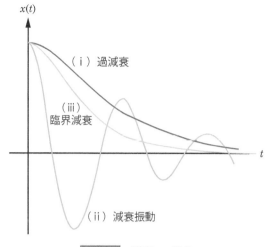

図 3.10 問題 19 解答

(iii) 判別式が 0 の場合 (臨界減衰)：$\gamma = \omega$

$$x = e^{-\gamma t}(C_1 + C_2 t) \quad \blacksquare$$

補足 (i), (ii), (iii) の概形を 1 つのグラフに描き表すと，図 3.10 のようになる．

 問題 20 摩擦のある水平面上で，ばね定数 k のばねの一端に質量 m のおもりを取りつけ他端を固定した．おもりに外力 $F(t) = F_0 \cos \omega_e t$ を加えながら，水平面上で振動させたときの一般解を求めよ．

解答 本問の場合の運動方程式は，

$$\frac{d^2 x}{dt^2} + 2\gamma \frac{dx}{dt} + \omega^2 x = \frac{F_0}{m} \cos \omega_e t \quad (\omega > \gamma)$$

となる．この微分方程式は，非同次線形微分方程式である．したがって，一般解は，同次線形方程式の一般解と，非同次線形方程式の特解の和で表される．$\frac{d^2 x}{dt^2} + 2\gamma \frac{dx}{dt} + \omega^2 x = 0$ の解は，すでに，$x = -e^{-\gamma t}(C_1 \cos t\sqrt{\omega^2 - \gamma^2} + C_2 \sin t\sqrt{\omega^2 - \gamma^2})$ と求めたので，次に非同次線形方程式の特解を求めなければならない．そこで，少々技巧的ではあるが，$x = \mathrm{Re} z$，$z = Ae^{i\omega_e t}$ とおいて，次のように変形してみる．

$$\frac{d^2z}{dt^2} + 2\gamma\frac{dz}{dt} + \omega^2 z = \frac{F_0}{m}e^{i\omega_e t}$$

上式に z を代入すると,

$$\left[-\omega_e{}^2 + 2i\gamma\omega_e + \omega^2\right]A = \frac{F_0}{m}$$

さらに $A =$ の形に変形すると,

$$\begin{aligned}
A &= \frac{F_0}{m}\cdot\frac{1}{-\omega_e{}^2 + 2i\gamma\omega_e + \omega^2}\\
&= \frac{F_0}{m}\cdot\frac{1}{(\omega^2 - \omega_e{}^2) + 2i\gamma\omega_e}\\
&= \frac{F_0}{m}\cdot\frac{(\omega^2 - \omega_e{}^2) - 2i\gamma\omega_e}{(\omega^2 - \omega_e{}^2)^2 + 4\gamma^2\omega_e{}^2}
\end{aligned}$$

この式が $\dfrac{x - iy}{x^2 + y^2}$ という形をしていることに注目して, $A = ae^{-i\varphi}$ とおくと, $\dfrac{x - iy}{\sqrt{x^2 + y^2}}$ が $e^{-i\varphi}$ に対応して,

$$a = \frac{F_0}{m}\cdot\frac{1}{[(\omega^2 - \omega_e{}^2)^2 + 4\gamma^2\omega_e{}^2]^{\frac{1}{2}}}, \quad \tan\varphi = \frac{2\gamma\omega_e}{\omega^2 - \omega_e{}^2}$$

となる. ところで, $z = Ae^{i\omega_e t} = ae^{-i\varphi}\cdot e^{i\omega_e t} = ae^{i(\omega_e t - \varphi)}$ なので, その実数部分をとると,

$$x = \mathrm{Re}[ae^{i(\omega_e t - \varphi)}] = a\cos(\omega_e t - \varphi)$$

となるので, 特解といえる. そこで, 求める一般解は,

$$x(t) = -e^{-\gamma t}(C_1\cos t\sqrt{\omega^2 - \gamma^2} + C_2\sin t\sqrt{\omega^2 - \gamma^2}) + a\cos(\omega_e t - \varphi)$$

である. ■

補足 　第1項は時間と共に速やかに減衰するので, 定常的に残るのは, 第2項の $x = a\cos(\omega_e t - \varphi)$ の部分である. 外力の振動数 ω_e が, $\omega_e{}^2 = \omega^2 - 2\gamma^2$ のとき最大 (共鳴・共振) となる.

第4章

偏微分方程式

□ 4.1 偏微分方程式

　偏微分方程式は，2つ以上の独立変数をもつ未知関数と，それらの偏導関数を含む方程式である．偏導関数の微分の最高次数が n のとき，これを n 階偏微分方程式といい，その一般解には n 個の任意関数が含まれる．また，未知関数およびその偏導関数について，1次の偏微分方程式を線形という．

　偏微分方程式は，時空間の中で生じるさまざまな現象，例えば，音波や波動の伝播や熱の伝導など，空間と時間に依存する現象を記述するときに用いる．さっそく偏微分方程式のいくつかを解いてみよう．

　未知関数 $u(x, y)$ に対する偏微分方程式

$$\frac{\partial u(x, y)}{\partial x} = 1$$

の一般解を求めてみよう．この式を x で積分すると，

$$u(x, y) = \int 1 dx = x + v(y)$$

となる．ここで現れた $v(y)$ は，変数 y だけの任意関数で，これが常微分方程式の場合の任意定数に対応するものである．

　このように1階偏微分方程式を解くと，1つの任意関数を含む解が得られる．$x + v(y)$ がこの偏微分方程式の一般解である．

問題1　次の偏微分方程式の一般解を求めよ．
(1) $\dfrac{\partial u(x, y)}{\partial x} = 0$
(2) $\dfrac{\partial^2 u(x, y)}{\partial x \partial y} = 0$

解答 　(1)$u(x, y)$ は x を変化させても変わらないので，$u(x, y)$ は y だけの関数である．よって，$v(y)$ を任意関数として，一般解は，$u = v(y)$ である．

(2)$\dfrac{\partial}{\partial x}(\dfrac{\partial u}{\partial y}) = 0$ なので，(1) より，$v_1(y)$ を任意関数として，$\dfrac{\partial u}{\partial y} = v_1(y)$ となるので

$$\frac{\partial}{\partial y}(u - \int v_1(y)dy) = 0$$

となる．したがって，$s(x)$ を任意関数として，

$$u - \int v_1(y)dy = s(x)$$

となる．任意関数 $v_1(y)$ の積分は任意関数なので $v(y)$ とすると，求める一般解は，

$$u = s(x) + v(y)$$

となる．■

物理では，定数係数の 2 階線形偏微分方程式がよく用いられ，一般には，

$$\sum_{i,j}^{N} a_{ij} \frac{\partial^2 f}{\partial x_i \partial x_j} + \sum_{i}^{n} b_i \frac{\partial f}{\partial x_i} + cf + d = 0$$

のような形をしている．a_{ij}, b_i, c は実定数係数で，$a_{ij} = a_{ji}$ としても一般性を失わない．2 階線形偏微分方程式は，次の 3 つのタイプに分類できる．

(1)　楕円型：ラプラス方程式が代表例

(2)　双曲型：波動方程式が代表例

(3)　放物型：熱伝導方程式が代表例

問題 2　偏微分方程式

$$b\frac{\partial u(x,y)}{\partial x} = a\frac{\partial u(x,y)}{\partial y}$$

の一般解を求めよ．ただし，a, b は定数である．

解答 　u の変数を $s(x,y) = ax + by$ とおいて偏微分すると，合成関

数の微分と同様に

$$\frac{\partial u(s(x,y))}{\partial x} = \frac{df(s)}{ds} \cdot \frac{\partial s(x,y)}{\partial x} = f'a$$
$$\frac{\partial u(s(x,y))}{\partial y} = \frac{df(s)}{ds} \cdot \frac{\partial s(x,y)}{\partial y} = f'b$$

となる．上の式に b を掛けたものと，下の式に a を掛けたものは等しくなるので，

$$b\frac{\partial s(x,y)}{\partial x} = a\frac{\partial s(x,y)}{\partial y}$$

となる．これは常に成り立つ．このことから，一般解は $u = f(ax + by)$ と書けることがわかる．∎

この例題では，2 変数 x, y を 1 変数 s とした．このように，独立変数の数が減らせれば，偏微分方程式は解析的に解くことができる可能性が高くなる．

一般解に含まれる任意関数を，特定の関数にしたものは，特解である．特解を求めるには，$t = 0$ における初期条件や空間領域の境界における境界条件を満たす解を求めることが多い．

☐ 4.2 波動方程式

関数 $u(x, t)$ に対する次の偏微分方程式

$$\frac{\partial^2 u}{\partial t^2} = v^2 \frac{\partial^2 u}{\partial x^2}$$

を 1 次元の波動方程式という．音波や電磁波，弦の振動など波動現象を記述することができる．この式は直感的に求めると次のように解ける．

ある場所での波形が関数 $f(x)$ で表せるとする．これが $x = a$ だけ右に移動すると，その波形は $f(x-a)$ となる．そこで，$a = vt$ として $t = 0, 1, 2, \cdots$ と時間を進めれば，図 4.1 のように，$f(x)$ は，$x = 0, v, 2v, \cdots$ と波形を変えずに，一定の速さ v で右方向 (x 軸の正方向) に移動する．

逆に，一定の速さ v で左方向（x 軸の負方向）に移動する場合は，$-a$ の代わりに $+a$ を代入して $g(x+a)$ とすればよい．したがって，x 軸を左右の方向に伝わる波動 u は，お互いに独立な 2 つの任意関数 f, g の重ね合わせ

$$u(x,y) = f(x - vt) + g(x + vt)$$

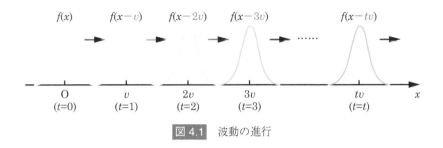

図 4.1 波動の進行

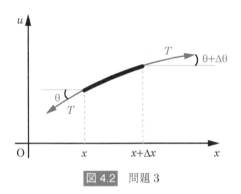

図 4.2 問題 3

で表される.

問題3 密度 ρ の弦が, 張力 T で引かれているときに弦を伝わる波動の伝搬速度の大きさ v を求めよ. 振動は微小とする.

解答 図 4.2 のように, 点 x における弦の接線と x 軸とのなす角度を θ, 点 $x+\Delta x$ における接線と x 軸とのなす角度を $\theta+\Delta\theta$ とすると, 張力 T は接線方向を向いているため, 微小部分にはたらく張力の鉛直方向成分 f は

$$f = T\sin(\theta + \Delta\theta) - T\sin\theta$$

となる. 微小振動を仮定しているため, $\theta \ll 1$ とみなせるので, 点 x では次の近似式が成り立つ.

$$\sin\theta \fallingdotseq \tan\theta = \left(\frac{\partial u}{\partial x}\right)_x$$

ここで, 偏微分の添え字の x は点 x での偏微分であることを表す. また, 点

$x + \Delta x$ では

$$\sin(\theta + \Delta\theta) \fallingdotseq \tan(\theta + \Delta\theta) = \frac{\partial}{\partial x} u(x + \Delta x, t)$$

となる．ここで，$u(x + \Delta x, t)$ をテイラー展開すると，

$$u(x + \Delta x, t) = u + \Delta x \frac{\partial u}{\partial x}$$

となるので，

$$\sin(\theta + \Delta\theta) \fallingdotseq \tan(\theta + \Delta\theta) = (\frac{\partial u}{\partial x})_x + \Delta x (\frac{\partial^2 u}{\partial x^2})_x$$

これらを f の式に代入すると，

$$\begin{aligned}
f &= T\sin(\theta + \Delta\theta) - T\sin\theta \\
&= T\left\{ (\frac{\partial u}{\partial x})_x + \Delta x(\frac{\partial^2 u}{\partial x^2})_x \right\} \quad T(\frac{\partial u}{\partial x})_x \\
&= T\Delta x(\frac{\partial^2 u}{\partial x^2})_x
\end{aligned}$$

となる．ここで弦の微小部分について運動方程式を立てると，弦の微小部分の質量は，線密度を ρ としたとき $\rho\Delta x$ である．また弦の加速度は $\frac{\partial^2 u}{\partial t^2}$ なので，

$$\rho\Delta x \frac{\partial^2 u}{\partial t^2} = T\Delta x \frac{\partial^2 u}{\partial x^2}$$

となる．両辺を $\rho\Delta x$ で割ると

$$\frac{\partial^2 u}{\partial t^2} = \frac{T}{\rho} \frac{\partial^2 u}{\partial x^2}$$

となる．波動方程式 $\frac{\partial^2 u}{\partial t^2} = v^2 \frac{\partial^2 u}{\partial x^2}$ と比較すると，波の速さは

$$v = \sqrt{\frac{T}{\rho}} \quad \blacksquare$$

□ 4.3 熱伝導方程式

温度を $u(x, t)$ で表すとき，κ を温度伝導率または温度拡散として，x 方向に伝わる熱や温度の変化を表す式を熱伝導方程式といい，

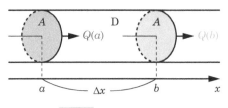

図 4.3 熱伝導方程式

$$\frac{\partial u}{\partial t} = \kappa \frac{\partial^2 u}{\partial x^2}$$

と記述する．$u(x, t)$ を濃度とみれば，x 方向に物質が拡散する現象を表すので拡散方程式ともいう．このとき κ を拡散率という．

それでは，熱伝導方程式を導出してみよう．

熱は，高温側から低温側に移動する．図 4.3 のように x 軸に沿っておかれた一様な太さの針金がある．内部の左側を高温側，右側を低温側とし，温度を $u(x, t)$ とし，断面の面積を A とし，領域 D の長さを Δx とする．

時間 Δt の間に $x = a$ の断面に流入する熱量を $Q(a)$ とする．温度 u は，x の正方向に進むにつれて減少するので温度勾配は負になり，かつ，熱の流れは温度勾配に比例するので，熱量 Q は，

$$Q(a) = -\beta A \Delta t (\frac{\partial u}{\partial x})_{x=a} \quad (\beta は熱伝導率)$$

となる．また，$x = b$ の断面を通って領域 D の右側に流出する熱量は $Q(b)$ となる．したがって，領域 D 内に流れ込んだ正味の熱量 ΔQ は，

$$\Delta Q = Q(a) - Q(b) = \beta A \Delta t \left\{ (\frac{\partial u}{\partial x})_b - (\frac{\partial u}{\partial x})_a \right\}$$
$$= \beta A \Delta t \left\{ \frac{\partial u(a + \Delta x, t)}{\partial x} - \frac{\partial u(a, t)}{\partial x} \right\}$$

となる．ここで，テイラー展開を利用すると，

$$\frac{\partial}{\partial x} u(a + \Delta x, t) = \frac{\partial}{\partial x} \left\{ u(a, t) + \Delta x \frac{\partial u(a, t)}{\partial x} \right\}$$
$$= (\frac{\partial u}{\partial x})_a + \Delta x (\frac{\partial^2 u}{\partial x^2})_a$$

なので，

$$\Delta Q = Q(a) - Q(b) = \beta A \Delta t \Delta x (\frac{\partial^2 u}{\partial x^2})_a \quad \cdots ①$$

この熱量 ΔQ によって，領域 D の温度が Δu だけ上昇する．ここで，熱容量を C，比熱容量を c，質量を m とすると $C = mc$ と書け，また質量 m は，密度を ρ とすると $m = \rho A \Delta x$ となるので，

$$\begin{aligned} \Delta Q &= C\Delta u = mc\Delta u \\ &= (\rho A \Delta x)c\Delta u \quad \cdots ② \end{aligned}$$

となる．ところで時間 Δt の間の微小部分 D の温度変化 Δu は，$x = a$ の断面では，

$$\Delta u = u(a, t + \Delta t) - u(a, t) = (\frac{\partial u}{\partial t})_a \Delta t$$

であるから，式②は，

$$\begin{aligned} \Delta Q &= (\rho A \Delta x)c(\frac{\partial u}{\partial t})_a \Delta t \\ &= \rho c(\frac{\partial u}{\partial t})_a \cdot (A\Delta x \Delta t) \quad \cdots ③ \end{aligned}$$

となる．式②は式③と等しいので，

$$\beta A \Delta t \Delta x (\frac{\partial^2 u}{\partial x^2})_a = \rho c(\frac{\partial u}{\partial t})_a (A\Delta x \Delta t)$$

$$\therefore \quad \beta(\frac{\partial^2 u}{\partial x^2})_a = \rho c(\frac{\partial u}{\partial t})_a$$

ここで，$\kappa = \dfrac{\beta}{\rho c}$ とおき，また，$x = a$ の位置は任意にとれるので，a を x に変えると，

$$\frac{\partial u}{\partial t} = \frac{\beta}{\rho c} \cdot \frac{\partial^2 u}{\partial x^2} = \kappa \frac{\partial^2 u}{\partial x^2}$$

となり，熱伝導方程式が導かれる．

(?) 問題4　熱伝導方程式の $u(x, t)$ が変数 x と t の関数に分離できるならば，熱伝導方程式は，

$$\frac{dT}{dt} = -\kappa a^2 T$$
$$\frac{d^2 X}{dx^2} = -a^2 X$$

のように，2つの常微分方程式となることを示せ．ただし，a は定数とする．

💡 解答 　$u(x,t)$ が変数 x と t の関数に変数分離ができるならば，$u(x,t) = X(x)T(t)$ と書けるので，これを熱伝導方程式 $\frac{\partial u}{\partial t} = \kappa \frac{\partial^2 u}{\partial x^2}$ に代入すると，

$$\frac{\partial u}{\partial t} = \frac{d}{dt}\{X(x)T(t)\} = X\frac{dT}{dt}$$

$$\kappa\frac{\partial^2 u}{\partial x^2} = \kappa\frac{d^2}{dx^2}\{X(x)T(t)\} = \kappa\frac{d^2 X}{dx^2}T$$

より，

$$X\frac{dT}{dt} = \kappa\frac{d^2 X}{dx^2}T$$

$$\therefore \quad \frac{1}{\kappa T}\frac{dT}{dt} = \frac{1}{X}\frac{d^2 X}{dx^2}$$

となる．左辺は t だけの関数で，右辺は x だけの関数である．このことは，両辺とも定数でないといけないことを意味する．そこで，その定数を a^2 とすると，

$$\frac{1}{\kappa T}\frac{dT}{dt} = \frac{1}{X}\frac{d^2 X}{dx^2} = -a^2$$

となる．よって左辺は，

$$\frac{dT}{dt} = -\kappa a^2 T$$

右辺は

$$\frac{d^2 X}{dx^2} = -a^2 X$$

と書けることが確認できた．■

☐ 4.4　ラプラス方程式とポアソン方程式

未知関数 $u(x,t)$ に対する偏微分方程式

$$\frac{\partial^2 u}{\partial x^2} + \frac{\partial^2 u}{\partial y^2} = 0$$

をラプラス方程式といい，この右辺に $-q$ を加えた式，

$$\frac{\partial^2 u}{\partial x^2} + \frac{\partial^2 u}{\partial y^2} = -q$$

をポアソンの方程式という．

　熱伝導方程式 $\frac{\partial u}{\partial t} - \kappa\frac{\partial^2 u}{\partial x^2}$ を x，y の 2 次元の拡張すると，

$$\frac{\partial u}{\partial t} = \kappa(\frac{\partial^2 u}{\partial x^2} + \frac{\partial^2 u}{\partial y^2}) \quad \cdots ①$$

となる．熱源がある場合には，熱源を κq とすると，

$$\frac{\partial u}{\partial t} = \kappa(\frac{\partial^2 u}{\partial x^2} + \frac{\partial^2 u}{\partial y^2}) + \kappa q \quad \cdots ②$$

もし，ここで熱平衡であれば，温度 u は時間 t に依存しないので，$\frac{\partial u}{\partial t} = 0$ である．式①はラプラス方程式，式①はポアソン方程式である．ラプラス方程式の事例としては，熱伝導方程式において，$x = a$，$x = b$ で区切った領域 D に，$x = a$ で流入した熱がすべて $x = b$ から流出するような定常状態が考えられる．また，ポアソン方程式の事例としては，2 次元平面上の電位を $\varphi(x, y)$，電荷分布を $\rho(x, y)$，真空の誘電率を ε_0 としたときの，

$$\frac{\partial^2 \varphi}{\partial x^2} + \frac{\partial^2 \varphi}{\partial y^2} = -\frac{\rho}{\varepsilon_0}$$

が考えられる．

問題 5　2 次元 x-y 平面上に拡張した波動方程式は，

$$\frac{\partial^2 u}{\partial t^2} = v^2(\frac{\partial^2 u}{\partial x^2} + \frac{\partial^2 u}{\partial y^2})$$

と書ける．この式は膜の振動を記述するのに用いる．膜の関数 $u(x, y, t)$ を，$u(x, y, t) = U(x, y)T(t)$ と変数分離させた場合，

$$\Delta U + \lambda U = 0 \quad (\Delta = \frac{\partial^2}{\partial x^2} + \frac{\partial^2}{\partial y^2})$$

$$\frac{d^2 T}{dt^2} + \lambda \nu^2 T = 0$$

と書けることを示せ．

解答　$u = U(x,y)T(t)$ を $\frac{\partial^2 u}{\partial t^2} = v^2(\frac{\partial^2 u}{\partial x^2} + \frac{\partial^2 u}{\partial y^2})$ に代入すると，

$$
\begin{aligned}
(左辺) &= \frac{\partial^2 u}{\partial t^2} = U(x,y)\frac{d^2 T}{dt^2} \\
(右辺) &= v^2(\frac{\partial^2 u}{\partial x^2} + \frac{\partial^2 u}{\partial y^2}) = v^2 T(t)(\frac{\partial^2 U}{\partial x^2} + \frac{\partial^2 U}{\partial y^2}) \\
&= v^2 T(t)(\frac{\partial^2}{\partial x^2} + \frac{\partial^2}{\partial y^2})U = v^2 T(t)\Delta U
\end{aligned}
$$

(左辺)=(右辺) より，

$$
U\frac{d^2 T}{dt^2} = v^2 T \Delta U
$$
$$
\therefore \quad \frac{\Delta U}{U} = (\frac{1}{v^2 T})(\frac{d^2 T}{dt^2})
$$

となる．上式の左辺は x, y の関数で，上式の右辺は t の関数になるので，この両辺が常に成り立つには，両辺の値は定数でなければならない．この定数を $-\lambda$ とおくと，

$$
左辺より，\frac{\Delta U}{U} = -\lambda
$$
$$
\therefore \quad \Delta U + \lambda U = 0 \quad (\Delta = \frac{\partial^2}{\partial x^2} + \frac{\partial^2}{\partial y^2})
$$
$$
右辺より，(\frac{1}{v^2 T})(\frac{d^2 T}{dt^2}) = -\lambda \quad \Longrightarrow \quad (\frac{d^2 T}{dt^2}) = -v^2 \lambda T
$$
$$
\therefore \quad \frac{d^2 T}{dt^2} + \lambda v^2 T = 0
$$

以上から

$$
\Delta U + \lambda U = 0, \quad \frac{d^2 T}{dt^2} + \lambda v^2 T = 0 \quad \blacksquare
$$

補足　$\Delta U + \lambda U = 0$ をヘルムホルツ方程式という．

　4.5　境界値問題，グリーンの公式

発展として，偏微分方程式の境界値問題を考えるために，広義のグリーンの公式を導いてみる．ここではガウスの定理が必要となるが，ガウスの定理については第6章を参照してほしい．まず，偏微分に関する表式，

$$L[f] = \sum_{i,j} a_{ij} \frac{\partial^2 f}{\partial x_i \partial x_j} + \sum_i^n b_i \frac{\partial f}{\partial x_i} + cf$$

を，微分表式というのに対して

$$M[f] = \sum_{i,j} \frac{\partial^2 (a_{ij}f)}{\partial x_i \partial x_j} - \sum_i^n \frac{\partial (b_i f)}{\partial x_i} + cf$$

を L の随伴微分表式という．係数 a_{ij}, b_i の位置に注意しよう．特に $L[f] = M[f]$ となるような微分表式は自己随伴であるという．自己随伴の条件は $b_i = 0$ である．ポアソン方程式や波動方程式は自己随伴であるが，熱伝導方程式は自己随伴ではない．

ここで，$L[f]$ と $M[f]$ を用いて，

$$vL[u] - uM[v] = \sum_i \frac{\partial}{\partial x_i} \left\{ \sum_j a_{ij}(v\frac{\partial u}{\partial x_j} - u\frac{\partial v}{\partial x_j}) + b_i(uv) \right\}$$
$$= \sum_i \frac{\partial H_i}{\partial x_i}$$

を考える．ここで，a_{ij} と b_i は定数とし

$$H_i = \sum_j a_{ij}(v\frac{\partial u}{\partial x_j} - u\frac{\partial v}{\partial x_j}) + b_i(uv)$$

とおいた．ベクトル関数 H_i に対して，dV を領域 D における体積要素，dS を領域 D の境界 ∂D 上の面積要素とし，境界 ∂D における外向法線ベクトルの成分 n_i とすると，ガウスの定理より，

$$\int_D \sum_i \frac{\partial H_i}{\partial x_i} dV = \int_{\partial D} \sum_i H_i n_i dS$$

となる．したがって，

$$\int_D (vL[u] - uM[v]) dV = \int_{\partial D} \sum_i H_i n_i dS$$

となる (広義のグリーンの公式).

特に，$a_{xx} = a_{yy} = a_{zz} = 1$，その他の係数がゼロの場合には，$L[u] = M[u] = \Delta u$ なので，

$$\int_D (u\Delta v - v\Delta u) dV = \int_{\partial D} (u\frac{\partial v}{\partial n} - v\frac{\partial u}{\partial n}) dS$$

となる (グリーンの公式).

$$\frac{\partial}{\partial n} = \sum_i n_i \frac{\partial}{\partial x_i}$$

は境界 ∂D 上の外向き法線方向の微分である．

第 5 章

線積分・面積分・体積分

□ 5.1 線積分

この章まででは，積分するということは，いわば x 軸に沿って微小に分割してその和を求めることであった．これに対して，

ある関数を任意の経路に沿って，微小に分割してその和を求めることを線積分という．

線積分を使うと，ベクトル変数の積分が可能となる．線積分では，積分記号 $\int$ の右下に，積分の経路を示すアルファベットをつける．例えば，積分したい経路が C という経路の場合，

$$\int_C$$

と書く．

それでは，具体的に線積分をみてみよう．

図 5.1 のように，点 A から始まり点 B に終わる曲線 C を考えてみる．この曲線を，微小区間にわけることを考えて，n 個にわけてみる．微小な区間に注視するということは，その区間が直線とみなしうるともいえる．分割後の i 番目の線分を dl_i とし，その始点を $r_i = (x_i, y_i)$，終点を $r_{i+1} = (x_{i+1}, y_{i+1})$ とする．

微小な線分 dl_i は，直線とみなし，三平方の定理を用いて，

$$dl_i = \sqrt{(x_{i+1} - x_i)^2 + (y_{i+1} - y_i)^2}$$

と表すことができる．曲線の長さ l は，これらを加え合わせて

$$l = dl_0 + dl_1 + \cdots + dl_{n-1}$$
$$= \sum_{i=0}^{n-1} dl_i = \sum_{i=0}^{n-1} \sqrt{(x_{i+1} - x_i)^2 + (y_{i+1} - y_i)^2}$$

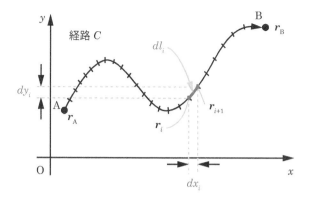

図 5.1 線積分のイメージ図

となる．ここで，$n{\to}\infty$, $dx_i = x_{i+1} - x_i$, $dy_i = y_{i+1} - y_i$ とすると，

$$= \lim_{n\to\infty} \sum_{i=0}^{n-1} \sqrt{dx_i{}^2 + dy_i{}^2}$$

$$= \lim_{n\to\infty} \sum_{i=0}^{n-1} \sqrt{\left\{1 + (\frac{dy_i}{dx_i})^2\right\} dx_i{}^2}$$

$$= \lim_{n\to\infty} \sum_{i=0}^{n-1} \sqrt{1 + (\frac{dy_i}{dx_i})^2} dx_i$$

$$\therefore \quad l = \int_{x=x_A}^{x=x_B} \sqrt{1 + (\frac{dy}{dx})^2} dx$$

また，x や y が媒介変数 t を用いて $x = x(t), y = y(t)$ で表される場合は，微小量 dx_i, dy_i は媒介変数の微小量 dt_i を用いて表すと，

$$dx_i = \frac{dx_i}{dt_i} dt_i$$

$$dy_i = \frac{dy_i}{dt_i} dt_i$$

となるので，

$$l = \int_{t=t_A}^{t=t_B} \sqrt{(\frac{dx}{dt})^2 + (\frac{dy}{dt})^2} dt$$

として求めることができる．一般には，

$$l = \int_C dl$$

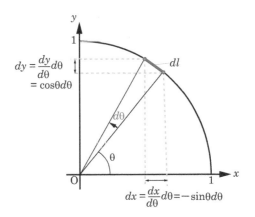

図5.2 問題1

と書く.

問題1 半径 1 の円周上の点 $(x, y) = (\cos\theta, \sin\theta)$ が, θ を $\theta = 0$ から $\theta = \frac{\pi}{2}$ まで変化させる間に描く曲線の長さを求めよ.

解答 媒介変数を θ として, $l = \int_{\theta=0}^{\theta=\frac{\pi}{2}} \sqrt{(\frac{dx}{d\theta})^2 + (\frac{dy}{d\theta})^2} d\theta$ を求めることになる. ここで,

$$\frac{dx}{d\theta} = -\sin\theta, \quad \frac{dy}{d\theta} = \cos\theta$$

なので,

$$l = \int_{\theta=0}^{\theta=\frac{\pi}{2}} \sqrt{(-\sin\theta)^2 + (\cos\theta)^2} d\theta$$
$$= \int_{\theta=0}^{\theta=\frac{\pi}{2}} d\theta = \frac{\pi}{2} \quad \blacksquare$$

ここまでは, スカラー関数を扱ってきたが, 線積分ではベクトル関数に適用することができる.

物体に一定の力 $\boldsymbol{F}$ を加えて変位 $\boldsymbol{r}$ だけ動かした場合, その物体がされた仕事 W は, $W = \boldsymbol{F} \cdot \boldsymbol{r}$ であった. しかし, 加える力が変動する場合は, どのように求めればよいのであろうか. そこで線積分を用いるわけである.

物体が任意の経路 C に沿って移動し, 物体に加わる力が変動する場合, その瞬時の力 $\boldsymbol{F}$ をとすると, 仕事 W は

$$W = \int_C \boldsymbol{F} \cdot d\boldsymbol{s}$$

で表される．ここで変数 $\boldsymbol{s}$ を時間 t の関数 $\boldsymbol{s}(t)$ として表し，物体が移動を開始した時刻を t_0，移動が完了した時刻を t_1 とすると，

$$W = \int_C \boldsymbol{F} \cdot d\boldsymbol{s} = \int_{t_0}^{t_1} \boldsymbol{F} \cdot \frac{d\boldsymbol{s}}{dt} dt$$
$$= \int_{t_0}^{t_1} \boldsymbol{F} \cdot \boldsymbol{v} dt \quad (\frac{d\boldsymbol{s}}{dt} = \boldsymbol{v})$$

と書ける．なお，加わる力の向きと変位の間のなす角を θ とすると，

$$\boldsymbol{F} \cdot \boldsymbol{v} = |\boldsymbol{F}| \cdot |\boldsymbol{v}| \cos\theta$$

なので，

$$W = \int_{t_0}^{t_1} \boldsymbol{F} \cdot \boldsymbol{v} dt = \int_{t_0}^{t_1} |\boldsymbol{F}| \cdot |\boldsymbol{v}| \cos\theta dt$$

ここで，$\boldsymbol{F_s} = \boldsymbol{F} \cos\theta$ と書くと，

$$W = \int_{t_0}^{t_1} |\boldsymbol{F}| \cdot |\boldsymbol{v}| \cos\theta dt = \int_{t_0}^{t_1} |\boldsymbol{F_s}| \cdot |\boldsymbol{v}| \, dt$$

となる．

補足　$\boldsymbol{F_s}$ が一定の場合，

$$W = |\boldsymbol{F_s}| \int_{t_0}^{t_1} |\boldsymbol{v}| \, dt$$

と書ける．ここで

$$L = \int_{t_0}^{t_1} |\boldsymbol{v}| \, dt$$

なので，仕事 W は，

$$W = |\boldsymbol{F_s}| L \quad \blacksquare$$

なお，図 5.3 に示すように，始点 A と終点 B が同じであっても，経路が異なると，仕事も異なる．経路 C_1，C_2 について

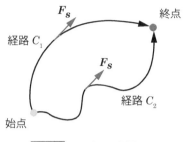

図 5.3　経路 C_1 経路 C_2

$$L_1 = \int_{C_1} dl, \quad L_2 = \int_{C_2} dl$$

より,

$$W_1 = |\boldsymbol{F_s}| L_1, \quad W_2 = |\boldsymbol{F_s}| L_2$$

ところで, 点 A から点 B に移動させた場合の線積分を,

$$\int_{C}$$

と表すと, これと逆向きの曲線 $-C$ の線積分は,

$$\int_{-C} = -\int_{C}$$

となる. よって,

$$\int_{C} + \int_{-C} = 0$$

と変形できる. 曲線 C が閉曲線のときには, 線積分の記号を

$$\oint_{C}$$

のように表す.

? 問題 2　質量 m の物体が高さ h のところにある. 重力加速度の大きさを g として, 位置エネルギー E_p を求めよ.

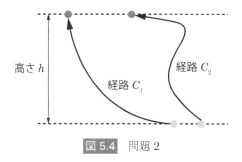

図 5.4 問題 2

解答　質量 m の物体が高さ h にあるときの位置エネルギーは，この物体を地面から高さ h にまで持ち上げるのに要する仕事を求めることで求まる．

$$E_p = \int_C \boldsymbol{F} \cdot d\boldsymbol{s} = \int_{t_0}^{t_1} \boldsymbol{F} \cdot \boldsymbol{v} dt$$

重力は鉛直下向きにのみに作用するので，水平方向への移動に関しては，直交するため，その内積は 0 となるので，

$$\boldsymbol{F} \cdot \boldsymbol{v} = 0 v_x + 0 v_y + mg v_z = mg v_z$$
$$E_p = \int_{t_0}^{t_1} \boldsymbol{F} \cdot \boldsymbol{v} dt = \int_{t_0}^{t_1} mg v_z dt = mg \int_{t_0}^{t_1} v_z dt$$

$\int_{t_0}^{t_1} v_z dt$ は，物体の速度の z 成分を時間で積分したものなので鉛直方向の移動距離，つまり高さ h のこととなる．よって，求める位置エネルギー E_p は，

$$E_p = mgh \quad ■$$

補足　このように，経路によらず，始点と終点の位置の変化のみによって仕事が決まる力を保存力という．

問題 3　静電気力が

$$\boldsymbol{F}(\boldsymbol{r}) = \frac{1}{4\pi\varepsilon_0} \frac{\boldsymbol{r}}{r^3}$$

で与えられたとき，無限遠を基準とする位置エネルギー $U(r)$ を求めよ．

解答　この静電気力は，電荷に対して，中心から外向きにはたらく．

無限遠を基準とするので，無限遠から r まで静電気力に逆らって $(-\boldsymbol{F}(\boldsymbol{r}))$ おこなった仕事が位置エネルギーとなる．

$$
\begin{aligned}
U(r) &= \int_{\infty}^{r} \{-\boldsymbol{F}(\boldsymbol{r})\} \cdot d\boldsymbol{r} \\
&= \int_{r}^{\infty} \frac{1}{4\pi\varepsilon_0} \frac{\boldsymbol{r}}{r^3} \cdot d\boldsymbol{r} = \int_{r}^{\infty} \frac{1}{4\pi\varepsilon_0} \frac{1}{r^2} \cdot dr \\
&= \left[-\frac{1}{4\pi\varepsilon_0} \frac{1}{r} \right]_{r}^{\infty} - \frac{1}{4\pi\varepsilon_0} \frac{1}{r} \quad \blacksquare
\end{aligned}
$$

☐ 5.2 面積分

　面積分とは，ある面に沿って関数を積分することをいう．たとえば，板の重さを調べたいとき，板の微小面積 dS に密度を掛け，それを板全体で積分するわけだが，それが面積分のイメージである．

　面 S に沿って関数 A を面積分する場合，面素を dS とすると，

$$
\int_{S} A\,dS
$$

と表記する．なお，関数 $\boldsymbol{A}$ がベクトルの場合は，

$$
\int_{S} \boldsymbol{A}\,dS
$$

さらに面素 $d\boldsymbol{S}$ がベクトルの場合は，

$$
\int_{S} \boldsymbol{A} \cdot d\boldsymbol{S}
$$

と表記する．面素ベクトルの方向は，面 S の法線方向となるので，法線方向の向きに単位ベクトルを $\boldsymbol{n}$ として，

$$
d\boldsymbol{S} = \boldsymbol{n}\,dS
$$

と書き，

$$
\int_{S} \boldsymbol{A} \cdot d\boldsymbol{S} = \int_{S} \boldsymbol{A} \cdot \boldsymbol{n}\,dS
$$

と表記する．ただし，dS は $d\boldsymbol{S}$ の大きさを表す．

　ところで，面 S が xy 平面上の面である場合は，面積分は以下の形で書き換えられる．

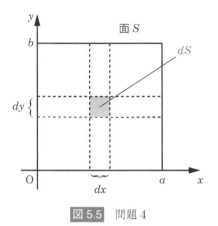

図 5.5 問題 4

$$\int_S A dS = \iint A dx dy = \int \left(\int A dx \right) dy$$

また，平面が円である場合は極座標を用いると便利である．

$$\int_S A dS = \iint A r d\theta dr = \int_0^a \left(\int_0^{2\pi} A r d\theta \right) dr$$

問題 4 x 軸方向の長さが a，y 軸方向の長さが b の長方形がある．この長方形の面積を面積分を用いて求めよ．

 解答　面素 dS を $dx \times dy$ とすると (図 5.5)

$$\int_S A dS = \int_0^b (\int_0^a dx) dy = \int_0^b a dy$$
$$= ab \quad \blacksquare$$

問題 5 半径 r の円の面積を面積分を用いて求めよ．

解答　面素 dS を求めるにあたって，dr も，$d\theta$ も十分に小さく，dr も $rd\theta$ も直線とみなせるので，図 5.6 のように，$dS = rd\theta \times dr$ となる．
　よって，求める面積は，

$$\int_S dS = \iint r d\theta dr$$

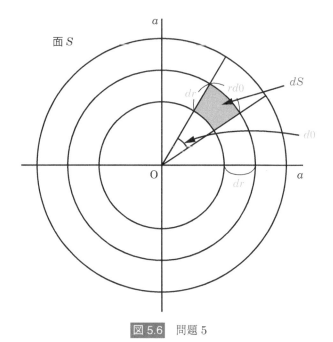

面 S

dr $rd\theta$

dS

$d\theta$

dr

O a

a

図 5.6　問題 5

$$= \int_0^a \left(\int_0^{2\pi} r d\theta \right) dr = \int_0^a (2\pi r) dr$$
$$= \pi \left[r^2 \right]_0^a = \pi a^2 \quad ■$$

ところで，図 5.7 に示すように，3 次元空間で $z = f(x, y)$ と表せる曲面 S を考え，曲面 S の xy 面への射影を領域 R とする．領域 R を面積 $\Delta A_l (l = 1, 2, \cdots, n)$ の n 個の領域に分割し，その上に立てた直方体が切り取る面積を ΔS_l とする．

曲面 S 上のすべての点で 1 価連続な関数を $\varphi(x, y, z)$ とすると，ΔS_l 上のある点を (a_l, b_l, c_l) として，積和

$$\sum_{l=1}^{n} \varphi(a_l, b_l, c_l) \Delta S_l$$

を作る．ここで $n \to \infty$ とするとき，極限値を S 上の $\varphi(x, y, z)$ の面積分といい，

$$\iint_S \varphi(x, y, z) dS$$

と表記する.

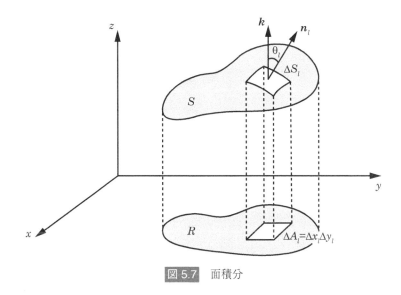

図 5.7 面積分

ΔS_l に垂直な単位法線ベクトル $\boldsymbol{n}_l$ と z 軸との間の角を θ_l とすると，$\Delta A_l = |\cos\theta_l|\,\Delta S_l$ なので，

$$\iint_R \varphi(x,y,z)\frac{dA}{|\cos\theta(x,y,z)|} = \iint_R \varphi(x,y,z)\frac{dxdy}{|\cos\theta(x,y,z)|}$$

と変形できる．さらに曲面 S は，$z = f(x,y)$ より，$F(x,y,z) \equiv z - f(x,y) = 0$ と書ける．天下りになってしまうが，曲面に垂直なベクトルは，$\nabla F = -\frac{\partial f}{\partial x}\boldsymbol{i} - \frac{\partial f}{fy}\boldsymbol{j} + \boldsymbol{k}$ で与えられるので，，単位法線ベクトル $\boldsymbol{n}$ は $\boldsymbol{n} = \dfrac{\nabla F}{|\nabla F|}$ と書ける．よって

$$|\cos\theta_l| = |\boldsymbol{n}\cdot\boldsymbol{k}| = \frac{|\nabla F \cdot \boldsymbol{k}|}{|\nabla F|} = \frac{1}{\left[1 + (\frac{\partial f}{\partial x})^2 + (\frac{\partial f}{\partial y})^2\right]^{\frac{1}{2}}}$$

となるので，

$$\iint_S \varphi(x,y,z)dS = \iint_R \varphi(x,y,f(x,y))\sqrt{1 + (\frac{\partial f}{\partial x})^2 + (\frac{\partial f}{\partial y})^2}dxdy$$

となる．これは，S 上の面積分が，x-y 平面上に射影された R 上の面積分に変換されることを示している．

さて，ベクトル関数を $\boldsymbol{A}(x,\,y,\,z)$ とし，曲面 S 上の各点においてスカラー

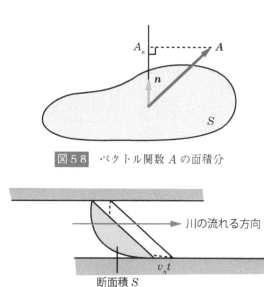

図 5.8　ベクトル関数 $\boldsymbol{A}$ の面積分

図 5.9　問題 7

積 $\boldsymbol{A}\cdot\boldsymbol{n}$ を作ると，

$$\iint_S \boldsymbol{A} \cdot \boldsymbol{n}\,dS = \iint_S A_n\,dS$$

となる．

問題 6　磁束密度が $\boldsymbol{B}$ の磁場中の磁束 Φ を求めよ．

解答　磁束は，磁束密度 $\boldsymbol{B}$ を面積分したものなので

$$\Phi = \int_S B_n\,dS = \int_S \boldsymbol{B} \cdot d\boldsymbol{S} \quad \blacksquare$$

問題 7　川の水の流量を求めよ．流量とは，ある面を通過する単位時間あたりの流体の量である．

解答　まず，簡単のため，川を流れる水の速度や川の幅，深さが一定である場合を概観してみる．

水の流れる速度の川下方向の成分を v_n とする．これは，川の断面と垂直

な方向の成分となるので，水は，時間 t 間に $v_n t$ だけ移動する．

　川の断面積を S，水の密度を ρ とすると，時間 t 間に川の断面を通過する水の質量は，

$$m = \rho v_n t S$$

したがって，流量 M は t で割って，

$$M = \rho v_n S$$

となる．しかし実際には，水の速度などは不規則である．そのような場合には，

$$M = \int_S \rho v_n dS = \int_S \rho \boldsymbol{v} \cdot d\boldsymbol{S}$$

となる．■

問題8　円の中心を通る z 軸を回転軸とする，半径 a の均一な円板の慣性モーメント I を求めよ．ただし，単位体積当たりの質量を σ とする．

解答　中心からの距離が r である円板上の微小面積を考えると，$r \cdot r d\theta$ である．慣性モーメント I はこの微小部分に r^2 を掛けて，それらを積分したものなので，

$$
\begin{aligned}
I &= \int_0^a \int_0^{2\pi} r^2 \sigma r d\theta dr \\
&= \int_0^a \sigma r^3 \left[\theta\right]_0^{2\pi} = \int_0^a 2\pi \sigma r^3 dr \\
&= \frac{\pi \sigma a^4}{2} \quad ■
\end{aligned}
$$

□ 5.3 体積分

体積分とは，ある空間内部で関数を積分することをいい，

$$\int_V A dV$$

と表記する．dV は，空間 V の内部の微小な体積を意味する．たとえば，物体の質量を知りたいとき，物体の微小体積 dV に密度を掛けて物体全体にわ

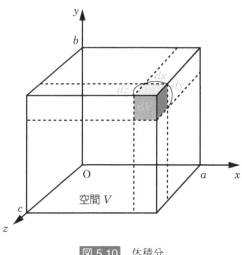

図 5.10　体積分

たって積分する．それが体積分のイメージである．

　空間 V が xyz 座標上の空間であるとき，体積分は

$$\int_V AdV = \iiint Adxdydz = \int\left(\int\left(\int Adx\right)dy\right)dz$$

と表記できる．

　このとき，関数 A は，3 変数 x, y, z の関数となるので，最初に，y と z を定数として扱って，A を x で積分し，その結果を，z を定数として y で積分する．最後に，その結果を z で積分ということを行っている．

　ところで，$A = X(x)Y(y)Z(z)$ と書けるとき，まず y と z を定数として扱い，その結果を y で積分する際には z を定数として扱うため，

$$\begin{aligned}
\int_V AdV &= \int\left(\int\left(\int Adx\right)dy\right)dz = \int\left(\int\left(\int XYZdx\right)dy\right)dz \\
&= \int\left(\int YZ\left(\int Xdx\right)dy\right)dz = \int Z\left(\int Y\left(\int Xdx\right)dy\right)dz
\end{aligned}$$

ところで，$\int Xdx$ の結果は x のみの関数となり，これを y で積分する場合には定数扱いとなり，積分の外にだすことができる．つまり，

$$\begin{aligned}
\int Z\left(\int Y\left(\int Xdx\right)dy\right)dz &= \int Z\left(\int Xdx\right)\left(\int Ydy\right)dz \\
&= \left(\int Xdx\right)\left(\int Ydy\right)\left(\int Zdz\right)
\end{aligned}$$

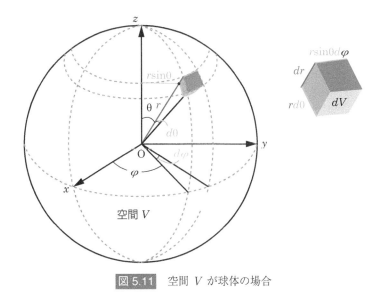

図 5.11 空間 V が球体の場合

よって

$$\int_V A dV = \left(\int X(x)dx \right) \left(\int Y(y)dy \right) \left(\int Z(z)dz \right)$$

と表記できる.

　空間 V が球体の場合には極座標を用いるほうが便利な場合がある. 図 5.11 のように, 球体の中心を原点として, 原点からの距離 r と 2 つの角度 θ と φ を用いる. $dr, d\varphi$ が十分に微小であるとすると, 微小体積 dV は,

$$dV = dr \times rd\theta \times r \sin\theta d\varphi$$

と書ける.

　この場合, 体積分は, 次のように書かれる.

$$\int_V A dV = \int_0^a \int_0^\pi \int_0^{2\pi} A r^2 \sin\theta d\varphi d\theta dr$$
$$= \int_0^a (\int_0^\pi (\int_0^{2\pi} A r^2 \sin\theta d\varphi)d\theta)dr$$

問題9　半径 a の球の体積を求めよ.

解答　球の微小体積は $dV = dr \times rd\theta \times r\sin\theta d\varphi$ であるので，これを積分する．

$$V = \int_0^a \int_0^\pi \int_0^{2\pi} r^2 \sin\theta d\varphi d\theta dr = \int_0^a \int_0^\pi 2\pi r^2 \sin\theta d\theta dr$$
$$= \int_0^a \left[-2\pi r^2 \cos\theta \right]_0^\pi dr = \int_0^a 4\pi r^2 dr$$
$$= \frac{4\pi a^3}{3} \quad \blacksquare$$

これはよく知られた球の体積の公式と一致する．

問題10　直方体の中心を通る z 軸を回転軸とする辺の長さ a, b, c の均一な直方体の慣性モーメント I を求めよ．ただし，単位体積当たりの質量を ρ とする．

解答　慣性モーメントは軸からの距離の2乗に質量を掛けたものなので，微小体積に z 軸からの距離の2乗 $x^2 + y^2$ を掛け，直方体全体で積分すればよい．

$$I = \int_{-\frac{c}{2}}^{\frac{c}{2}} \int_{-\frac{b}{2}}^{\frac{b}{2}} \int_{-\frac{a}{2}}^{\frac{a}{2}} (x^2 + y^2)\rho dx dy dz$$
$$= \int_{-\frac{c}{2}}^{\frac{c}{2}} (\frac{a^3 b}{12} + \frac{ab^3}{12})\rho dz$$
$$= (\frac{a^3 bc}{12} + \frac{ab^3 c}{12})\rho \quad \blacksquare$$

第6章

ベクトル解析

□ 6.1 内積と外積

大きさのみで決まる量はスカラーとよび，それに対して，大きさと向きの両方で決定される量をベクトルとよぶ．ベクトルの積には，内積と外積がある.

6.1.1 内積

ベクトル $\boldsymbol{A}$ とベクトル $\boldsymbol{B}$ の内積は，$|\boldsymbol{A}|$，$|\boldsymbol{B}|$ を，それぞれベクトル $\boldsymbol{A}$，$\boldsymbol{B}$ の大きさとし，ベクトル $\boldsymbol{A}$, $\boldsymbol{B}$ のなす角を $\theta(0 \leqq \theta \leqq \pi)$ とすると，

$$\boldsymbol{A} \cdot \boldsymbol{B} = |\boldsymbol{A}|\,|\boldsymbol{B}| \cos \theta$$

3次元直交座標系を考え，$\boldsymbol{A} = (A_x, A_y, A_z)$，$\boldsymbol{B} = (B_x, B_y, B_z)$ とする．x, y, z 方向の単位ベクトルをそれぞれ $\boldsymbol{i}, \boldsymbol{j}, \boldsymbol{k}$ とすると，ベクトル $\boldsymbol{A}$, $\boldsymbol{B}$ は，

$$\boldsymbol{A} = A_x \boldsymbol{i} + A_y \boldsymbol{j} + A_z \boldsymbol{k}$$
$$\boldsymbol{B} = B_x \boldsymbol{i} + B_y \boldsymbol{j} + B_y \boldsymbol{k}$$

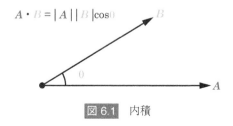

図 6.1 内積

と表せるので，ベクトル $\boldsymbol{A}$, $\boldsymbol{B}$ の内積は，単位ベクトル $\boldsymbol{i}$, $\boldsymbol{j}$, $\boldsymbol{k}$ が，大きさが 1 なので $\boldsymbol{i} \cdot \boldsymbol{i} = \boldsymbol{j} \cdot \boldsymbol{j} = \boldsymbol{k} \cdot \boldsymbol{k} = 1$ で，かつ互いに直交するので $\boldsymbol{i} \cdot \boldsymbol{j} = \boldsymbol{j} \cdot \boldsymbol{k} = \boldsymbol{k} \cdot \boldsymbol{i} = 0$ であるから，

$$\boldsymbol{A} \cdot \boldsymbol{B} = A_x B_x + A_y B_y + A_z B_z$$

となる．

6.1.2 外積

一方，ベクトル $\boldsymbol{A}$ とベクトル $\boldsymbol{B}$ の外積は，

$$\boldsymbol{A} \times \boldsymbol{B} = |\boldsymbol{A}||\boldsymbol{B}| \sin \theta \cdot \boldsymbol{e}$$

と表される．ベクトル $\boldsymbol{e}$ は，図 6.2 に示すような $\boldsymbol{A}$, $\boldsymbol{B}$ に直交する単位ベクトルである．ベクトル $\boldsymbol{A}$, $\boldsymbol{B}$ の向きは，ベクトル $\boldsymbol{A}$ からベクトル $\boldsymbol{B}$ に向かって「右ねじを回すとき，ねじの進む向き」が，$\boldsymbol{A} \times \boldsymbol{B}$ の向きとなる．

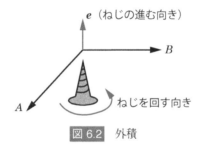

図 6.2 外積

$\boldsymbol{B} \times \boldsymbol{A}$ の場合は，ベクトル $\boldsymbol{B}$ からベクトル $\boldsymbol{A}$ に向かって「右ねじを回すとき，ねじの進む向き」となるので，ねじは，図 6.2 でいうと下向きに進むことになる．つまり，$\boldsymbol{A} \times \boldsymbol{B} = -\boldsymbol{B} \times \boldsymbol{A}$ ということがわかる．

外積を成分で考えてみよう．

$$\boldsymbol{A} = A_x \boldsymbol{i} + A_y \boldsymbol{j} + A_z \boldsymbol{k}$$
$$\boldsymbol{B} = B_x \boldsymbol{i} + B_y \boldsymbol{j} + B_y \boldsymbol{k}$$

このとき外積 $\boldsymbol{A} \times \boldsymbol{B}$ は，

$$\boldsymbol{A} \times \boldsymbol{B} = (A_y B_z - A_z B_y)\boldsymbol{i} + (A_z B_x - A_x B_z)\boldsymbol{j} + (A_x B_y - A_y B_x)\boldsymbol{k}$$

と表すことができる. なお行列式 (後述) を用いると,

$$
\boldsymbol{A} \times \boldsymbol{B} = \begin{vmatrix} \boldsymbol{i} & \boldsymbol{j} & \boldsymbol{k} \\ A_x & A_y & A_z \\ B_x & B_y & B_z \end{vmatrix}
$$

◻ 6.2 演算子

演算子とはそのあとにくる量に対して「その演算を実行せよ」という意味をもつもののことである. 例えば $\frac{d}{dx}$ は微分演算子で, このあとにくる量を x で微分せよという演算子である. 微分は傾き・勾配を計算する演算である. $\frac{\partial}{\partial x} + \frac{\partial}{\partial y}$ も同様である.

ところで, $\frac{\partial}{\partial x}\boldsymbol{i} + \frac{\partial}{\partial y}\boldsymbol{j} + \frac{\partial}{\partial z}\boldsymbol{k}$ という演算子に着目してみよう. $\boldsymbol{i}, \boldsymbol{j}, \boldsymbol{k}$ は 3 次元で表現する場合の単位ベクトルである. このタイプの演算子をベクトル微分演算子とよぶ. この演算子は, 物理では頻出のもので, 何度もでてくるので, 毎回 $\frac{\partial}{\partial x}\boldsymbol{i} + \frac{\partial}{\partial y}\boldsymbol{j} + \frac{\partial}{\partial z}\boldsymbol{k}$ と書くよりも, 1 文字で表現するほうが便利でもある. そこで,

$$
\nabla = \frac{\partial}{\partial x}\boldsymbol{i} + \frac{\partial}{\partial y}\boldsymbol{j} + \frac{\partial}{\partial z}\boldsymbol{k}
$$

と表記する. ∇ はナブラと読む. 実は, これがあとで述べる grad (グラディエント) の計算方法である.

微分は, ナブラ演算子の右となりにどんな関数が来るかによって性質が決まる. ∇ は勾配 (grad, グラディエント), $\nabla\cdot$ は発散 (div, ダイバージェンス), $\nabla\times$ は回転 (rot, ローテーション), ∇^2 はラプラシアンである.

◻ 6.3 ベクトル解析

✿ 6.3.1 grad

grad(勾配, グラディエント) で何がわかるかというと, スカラー場の傾きが最大になる向きがわかる. スカラー場 $\varphi(x, y, z)$ の勾配 ($\nabla\varphi$) は,

$$
\nabla\varphi = \frac{\partial\varphi}{\partial x}\boldsymbol{i} + \frac{\partial\varphi}{\partial y}\boldsymbol{j} + \frac{\partial\varphi}{\partial z}\boldsymbol{k} = \left(\frac{\partial\varphi}{\partial x}, \frac{\partial\varphi}{\partial y}, \frac{\partial\varphi}{\partial z}\right)
$$

となる. この式は, 偏微分係数を x, y, z 成分にもつベクトルなので, スカ

ラー場 φ の勾配 $(\nabla\varphi)$ は，ベクトルになる．このベクトルの大きさ $|\nabla\varphi|$ は，

$$|\nabla\varphi| = \sqrt{(\frac{\partial\varphi}{\partial x})^2 + (\frac{\partial\varphi}{\partial y})^2 + (\frac{\partial\varphi}{\partial z})^2}$$

である．勾配 ∇ を grad と書く．

また，スカラー関数 $\varphi(x,y,z) = c$（c は定数）に対して，$\nabla\varphi$ はこの関数の曲面の法線ベクトルである（証明は省く）．

さて，任意の関数 $f(x,y,z)$ を考える．この関数 f に対し演算子 ∇ を作用させてみると，

$$\nabla f = (\frac{\partial}{\partial x}\boldsymbol{i} + \frac{\partial}{\partial y}\boldsymbol{j} + \frac{\partial}{\partial z}\boldsymbol{k})f(x,y,z)$$
$$= \frac{\partial f}{\partial x}\boldsymbol{i} + \frac{\partial f}{\partial y}\boldsymbol{j} + \frac{\partial f}{\partial z}\boldsymbol{k} = \mathrm{grad}f$$

関数 $f(x,\,y,\,z)$ を全微分すると，df は，

$$df = \frac{\partial f}{\partial x}dx + \frac{\partial f}{\partial y}dy + \frac{\partial f}{\partial z}dz$$

であり，df を内積を用いて表すと，

$$df = (\frac{\partial f}{\partial x}\boldsymbol{i} + \frac{\partial f}{\partial y}\boldsymbol{j} + \frac{\partial f}{\partial z}\boldsymbol{k}) \cdot (dx\boldsymbol{i} + dy\boldsymbol{j} + dz\boldsymbol{k})$$

ここで，$d\boldsymbol{r} = dx\boldsymbol{i} + dy\boldsymbol{j} + dz\boldsymbol{k}$ とおくと，

$$df = \mathrm{grad}f \cdot d\boldsymbol{r}$$
$$= \nabla f \cdot d\boldsymbol{r}$$

となる．$d\boldsymbol{r}$ 方向の単位ベクトルを $\boldsymbol{t}$ とおき，$d\boldsymbol{r} = \boldsymbol{t} \cdot ds$ と表すと，

$$df = \nabla f \cdot \boldsymbol{t}ds = |\nabla f| \cdot |\boldsymbol{t}| \cdot ds\cos\theta$$
$$= |\nabla f| \cdot ds\cos\theta$$

となる．よって，

$$\frac{df}{ds} = |\nabla f| \cdot \cos\theta$$

となる．$\dfrac{df}{ds}$ を，方向微分係数という．$\theta = 0$ のとき $\cos\theta = 1$ となり最大値

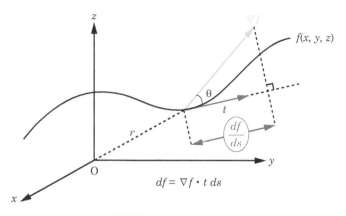

図 6.3 の中の文字:

z

∇f

$f(x, y, z)$

θ

t

$\dfrac{df}{ds}$

r

y

O

$df = \nabla f \cdot t\, ds$

x

図 6.3 勾配のイメージ

$|\nabla f|$ をとる. つまり, f が最も急激に変化する向きの傾きの大きさを示す.

問題 1 $r = \sqrt{x^2 + y^2 + z^2}$ の勾配 ∇r を求めよ.

解答 各成分で偏微分しよう.

$$
\begin{aligned}
\frac{\partial r}{\partial x} &= \frac{\partial}{\partial x}\sqrt{x^2 + y^2 + z^2} = \frac{x}{\sqrt{x^2 + y^2 + z^2}} \\
&= \frac{x}{r} \\
\frac{\partial r}{\partial y} &= \frac{y}{r} \\
\frac{\partial r}{\partial z} &= \frac{z}{r}
\end{aligned}
$$

よって,

$$
\begin{aligned}
\nabla r &= \frac{x}{r}\boldsymbol{i} + \frac{y}{r}\boldsymbol{j} + \frac{z}{r}\boldsymbol{k} = \frac{1}{r}(x\boldsymbol{i} + y\boldsymbol{j} + z\boldsymbol{k}) \\
&= \frac{\boldsymbol{r}}{r}
\end{aligned}
$$

これは中心から外で向かう大きさ 1 のベクトルである. ■

問題 2 $r = \sqrt{x^2 + y^2 + z^2}$ のとき, $\dfrac{1}{r}$ の勾配 $\nabla\left(\dfrac{1}{r}\right)$ を求めよ.

解答 各成分で偏微分する.

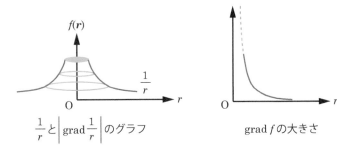

$\dfrac{1}{r}$ と $\left|\operatorname{grad}\dfrac{1}{r}\right|$ のグラフ　　　　$\operatorname{grad} f$ の大きさ

図 6.4　問題 2

$$\frac{\partial}{\partial x}\left(\frac{1}{r}\right) = \frac{\partial r}{\partial x}\frac{\partial}{\partial r}\left(\frac{1}{r}\right) = -\frac{x}{r^3}$$

$$\frac{\partial}{\partial y}\left(\frac{1}{r}\right) = -\frac{y}{r^3}$$

$$\frac{\partial}{\partial z}\left(\frac{1}{r}\right) = -\frac{z}{r^3}$$

よって

$$\nabla\left(\frac{1}{r}\right) = -\frac{x}{r^3}\boldsymbol{i} - \frac{y}{r^3}\boldsymbol{j} - \frac{z}{r^3}\boldsymbol{k} = -\frac{\boldsymbol{r}}{r^3}$$

これを図にすると，図 6.4 のようになる．■

問題 3　3 次元空間 $(x,\ y,\ z)$ の原点に点電荷 Q がおかれているとき，電位 V は，$V = k\dfrac{Q}{r}$ となる．ただし r は，$r = \sqrt{x^2 + y^2 + z^2}$ とする．電場 $\boldsymbol{E}(= -\nabla V = \operatorname{grad}V(\boldsymbol{r}))$ を求めよ．

解答　簡単にいうと，電位は電場を積分したものなので，電場は電位を微分したものになる（ただし，符号は逆になる）．

$$\nabla = \frac{\partial}{\partial x}\boldsymbol{i} + \frac{\partial}{\partial y}\boldsymbol{j} + \frac{\partial}{\partial z}\boldsymbol{k}$$

より，

$$\nabla V = \frac{\partial V}{\partial x}\boldsymbol{i} + \frac{\partial V}{\partial y}\boldsymbol{j} + \frac{\partial V}{\partial z}\boldsymbol{k}$$

$$= kQ\left\{\frac{\partial}{\partial x}\frac{1}{r}\boldsymbol{i} + \frac{\partial}{\partial y}\frac{1}{r}\boldsymbol{j} + \frac{\partial}{\partial z}\frac{1}{r}\boldsymbol{k}\right\}$$

となる．右辺の第1項は，

$$kQ\frac{\partial}{\partial x}\frac{1}{r} = kQ\cdot\frac{\partial r}{\partial x}\frac{\partial}{\partial r}\frac{1}{r} = \frac{kQx}{r}(-\frac{1}{r^2})$$
$$= -\frac{kQx}{r^3}$$

第2項，第3項も同様に，

$$kQ\frac{\partial}{\partial y}\frac{1}{r} = -\frac{kQy}{r^3}$$
$$kQ\frac{\partial}{\partial z}\frac{1}{r} = -\frac{kQz}{r^3}$$

以上から，$\boldsymbol{r} = x\boldsymbol{i} + y\boldsymbol{j} + z\boldsymbol{k}$ を用いて

$$\boldsymbol{E} = -\nabla V = kQ(\frac{x}{r^3}\boldsymbol{i} + \frac{y}{r^3}\boldsymbol{j} + \frac{z}{r^3}\boldsymbol{k}) = \frac{kQ}{r^3}\cdot\boldsymbol{r}$$
$$\therefore\quad \boldsymbol{E} = k\frac{Q}{r^2}\frac{\boldsymbol{r}}{r}$$

これはよくみる電場の式である．$\dfrac{\boldsymbol{r}}{r}$ は r 方向の単位ベクトルである．■

問題4 $u(x, y, z)$ を変数にもつスカラー関数 $f(u)$ の勾配を求めよ．

解答 合成関数の偏微分である．

$$\nabla f = \frac{\partial f}{\partial x}\boldsymbol{i} + \frac{\partial f}{\partial y}\boldsymbol{j} + \frac{\partial f}{\partial z}\boldsymbol{k}$$
$$= \frac{\partial f}{\partial u}\frac{\partial u}{\partial x}\boldsymbol{i} + \frac{\partial f}{\partial u}\frac{\partial u}{\partial y}\boldsymbol{j} + \frac{\partial f}{\partial u}\frac{\partial u}{\partial z}\boldsymbol{k}$$
$$= \frac{df}{du}(\frac{\partial u}{\partial x}\boldsymbol{i} + \frac{\partial u}{\partial y}\boldsymbol{j} + \frac{\partial u}{\partial z}\boldsymbol{k})$$
$$= \frac{df}{du}\nabla u$$

このように，∇ も合成関数の微分と同じふるまいを示す．■

問題5 位置 $\boldsymbol{r}_1$，$\boldsymbol{r}_2$ に電荷 q_1，q_2 があるときの電場 $\boldsymbol{E}(= -\nabla V)$ を求めよ．なお，このとき電位は，

$$V(\boldsymbol{r}) = \frac{1}{4\pi\varepsilon_0}\frac{q_1}{|\boldsymbol{r} - \boldsymbol{r}_1|} + \frac{1}{4\pi\varepsilon_0}\frac{q_2}{|\boldsymbol{r} - \boldsymbol{r}_2|}$$

で表される. ε_0 は真空の誘電率である.

 解答　上の問題と同様である.

$$\boldsymbol{E} = -\mathrm{grad}V(\boldsymbol{r}) = -\nabla V$$

$$= -\nabla \left\{ \frac{1}{4\pi\varepsilon_0} \frac{q_1}{\sqrt{(x-x_1)^2+(y-y_1)^2+(z-z_1)^2}} \right\}$$

$$-\nabla \left\{ \frac{1}{4\pi\varepsilon_0} \frac{q_2}{\sqrt{(x-x_2)^2+(y-y_2)^2+(z-z_2)^2}} \right\}$$

ここで, $\dfrac{\partial V}{\partial x}$ などを計算するのであるが,

$$\frac{\partial \left\{ (x-x_1)^2+(y-y_1)^2+(z-z_1)^2 \right\}}{\partial x} = 2(x-x_1)$$

なので,

$$
\begin{aligned}
\boldsymbol{E} &= \frac{1}{4\pi\varepsilon_0} \frac{1}{2} \frac{2(x-x_1)q_1}{\{(x-x_1)^2+(y-y_1)^2+(z-z_1)^2\}^{\frac{3}{2}}} \boldsymbol{i} \\
&+ \frac{1}{4\pi\varepsilon_0} \frac{1}{2} \frac{2(y-y_1)q_1}{\{(x-x_1)^2+(y-y_1)^2+(z-z_1)^2\}^{\frac{3}{2}}} \boldsymbol{j} \\
&+ \frac{1}{4\pi\varepsilon_0} \frac{1}{2} \frac{2(z-z_1)q_1}{\{(x-x_1)^2+(y-y_1)^2+(z-z_1)^2\}^{\frac{3}{2}}} \boldsymbol{k} \\
&+ \frac{1}{4\pi\varepsilon_0} \frac{1}{2} \frac{2(x-x_2)q_2}{\{(x-x_2)^2+(y-y_2)^2+(z-z_2)^2\}^{\frac{3}{2}}} \boldsymbol{i} \\
&+ \frac{1}{4\pi\varepsilon_0} \frac{1}{2} \frac{2(y-y_2)q_2}{\{(x-x_2)^2+(y-y_2)^2+(z-z_2)^2\}^{\frac{3}{2}}} \boldsymbol{j} \\
&+ \frac{1}{4\pi\varepsilon_0} \frac{1}{2} \frac{2(z-z_2)q_2}{\{(x-x_2)^2+(y-y_2)^2+(z-z_2)^2\}^{\frac{3}{2}}} \boldsymbol{k}
\end{aligned}
$$

以上をまとめると,

$$\boldsymbol{E} = \frac{1}{4\pi\varepsilon_0} \frac{q_1}{|\boldsymbol{r}-\boldsymbol{r}_1|^2} \frac{\boldsymbol{r}-\boldsymbol{r}_1}{|\boldsymbol{r}-\boldsymbol{r}_1|} + \frac{1}{4\pi\varepsilon_0} \frac{q_2}{|\boldsymbol{r}-\boldsymbol{r}_2|^2} \frac{\boldsymbol{r}-\boldsymbol{r}_2}{|\boldsymbol{r}-\boldsymbol{r}_2|}$$

これは2つの電荷による電場の式である. ■

問題6　半径 a の金属球に電荷 Q_0 が与えられた場合, 金属球の外

部の点 $\boldsymbol{r}$ の電位 $V(\boldsymbol{r})$ は,

$$V(\boldsymbol{r}) = \frac{1}{4\pi\varepsilon_0}\frac{Q_0}{r}$$

と表される. このときの電場 $\boldsymbol{E}$ を求めよ.

解答 金属球に電荷が与えられると, 電荷は金属表面に分布し, 電位は与式のようになる. 電場は金属球の内部では相殺されているので, 0 であり, 内部の電位は等電位となる.

(i) $r<a$ (内部)

$$\boldsymbol{E}(\boldsymbol{r}) = 0,\ V(\boldsymbol{r}) = \frac{1}{4\pi\varepsilon_0}\frac{Q_0}{a}$$

(ii) $r>a$(外側)

$V(\boldsymbol{r}) = \dfrac{1}{4\pi\varepsilon_0}\dfrac{Q_0}{r}$ より,

$$\boldsymbol{E} = -\nabla V(\boldsymbol{r}) = \frac{1}{4\pi\varepsilon_0}\frac{Q_0}{r^2}\frac{\boldsymbol{r}}{r}\ \blacksquare$$

6.3.2 div

grad ではスカラー関数 $f(x, y, z)$ に ∇ 演算子を作用させたが, div(発散, ダイバージェンス) ではベクトル $\boldsymbol{A}$ に ∇ 演算子を作用させる. ∇ はベクトル演算子なので, div$\boldsymbol{A}$ は ∇ と $\boldsymbol{A}$ の内積と考えればよい.

$$\begin{aligned}
\mathrm{div}\boldsymbol{A} &= \nabla \cdot \boldsymbol{A}\\
&= (\frac{\partial}{\partial x}\boldsymbol{i} + \frac{\partial}{\partial y}\boldsymbol{j} + \frac{\partial}{\partial z}\boldsymbol{k}) \cdot (A_x\boldsymbol{i} + A_y\boldsymbol{j} + A_z\boldsymbol{k})\\
&= \frac{\partial A_x}{\partial x} + \frac{\partial A_y}{\partial y} + \frac{\partial A_z}{\partial z}
\end{aligned}$$

図 6.5 に示すように, 3 次元 x, y, z 直交座標系空間にベクトル場 $\boldsymbol{A}(x, y, z)$ がある. この空間の中の, 一辺が $\Delta x, \Delta y, \Delta z$ の微小直方体に, 流れ込む「流れ」を考えてみる.

x 軸の手前側を面 $A(x = x_0)$, 奥の側を面 $B(x = x_0 + \Delta x)$ とする. これらの面に垂直なベクトル $\boldsymbol{A}$ の成分をそれぞれ, $A_x(x_0),\ A_x(x_0+\Delta x)$ とする. これらの面の面積は, $\Delta y \Delta z$ なので,

面 A に流れ込む量 ： $A_x(x_0)\Delta y \Delta z$

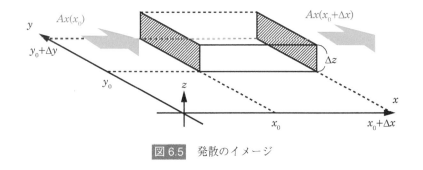

図 6.5　発散のイメージ

面 B から流れ出る量：　$A_x(x_0 + \Delta x)\Delta y\Delta z$

となる．したがって，この微小直方体の x 方向に対して，流れ出る量 N_x は差し引きして，

$$
\begin{aligned}
N_x &= A_x(x_0 + \Delta x)\Delta y\Delta z - A_x(x_0)\Delta y\Delta z \\
&= \{A_x(x_0 + \Delta x) - A_x x_0\} \cdot \Delta y\Delta z \\
&= \frac{\partial A_x}{\partial x}\Delta x \cdot \Delta y\Delta z
\end{aligned}
$$

となる．y, z 方向に対しても同様に

$$
N_y = \frac{\partial A_y}{\partial y}\Delta x\Delta y\Delta z, \quad N_z = \frac{\partial A_z}{\partial z}\Delta x\Delta y\Delta z
$$

なので，この微小直方体から流れ出る量は，

$$
\begin{aligned}
N &= N_x + N_y + N_z \\
&= (\frac{\partial Ax}{\partial x} + \frac{\partial Ay}{\partial y} + \frac{\partial Az}{\partial z})\Delta x\Delta y\Delta z \\
&= (\frac{\partial}{\partial x}\boldsymbol{i} + \frac{\partial}{\partial y}\boldsymbol{j} + \frac{\partial}{\partial z}\boldsymbol{k}) \cdot (A_x\boldsymbol{i} + A_y\boldsymbol{j} + A_z\boldsymbol{k})\Delta x\Delta y\Delta z \\
&= \nabla \cdot \boldsymbol{A}\Delta x\Delta y\Delta z
\end{aligned}
$$

よって，単位体積あたりの流れ出る量は，

$$
\nabla \cdot \boldsymbol{A} = \frac{\boldsymbol{N}}{\Delta x\Delta y\Delta z} = \frac{\partial A_x}{\partial x} + \frac{\partial A_y}{\partial y} + \frac{\partial A_z}{\partial z}
$$

となる．これが，発散といわれるゆえんである．

問題7　3次元空間 (x, y, z) 内にベクトル場 $\boldsymbol{A} = \dfrac{\boldsymbol{r}}{r^3}$ がある．この

とき，$\mathrm{div}\boldsymbol{A}$ を求めよ．

💡 解答

$$\mathrm{div}\boldsymbol{A} = \nabla \cdot \boldsymbol{A} = (\frac{\partial}{\partial x}\boldsymbol{i} + \frac{\partial}{\partial y}\boldsymbol{j} + \frac{\partial}{\partial z}\boldsymbol{k}) \cdot \boldsymbol{A}$$

ところで，$\boldsymbol{A} = \dfrac{x}{r^3}\boldsymbol{i} + \dfrac{y}{r^3}\boldsymbol{j} + \dfrac{z}{r^3}\boldsymbol{k}$ より，

$$\mathrm{div}\boldsymbol{A} = \frac{\partial}{\partial x}\left(\frac{x}{r^3}\right) + \frac{\partial}{\partial y}\left(\frac{y}{r^3}\right) + \frac{\partial}{\partial z}\left(\frac{z}{r^3}\right)$$

まず，第 1 項のみについて計算すると，

$$\begin{aligned}
\frac{\partial}{\partial x}\left(\frac{x}{r^3}\right) &= \frac{\partial}{\partial x}\left(\frac{x}{(x^2 + y^2 + z^2)^{\frac{3}{2}}}\right) \\
&= \frac{\partial}{\partial x}\left\{x \cdot (x^2 + y^2 + z^2)^{-\frac{3}{2}}\right\} \\
&= (x^2 + y^2 + z^2)^{-\frac{3}{2}} + x \cdot (-3x) \cdot (x^2 + y^2 + z^2)^{-\frac{5}{2}} \\
&= \frac{1}{r^3} - 3x^2 \cdot \frac{1}{r^5} = \frac{1}{r^3} - \frac{3x^2}{r^5}
\end{aligned}$$

第 2 項，第 3 項についても同様に，

$$\frac{\partial}{\partial y}\left(\frac{y}{r^3}\right) = \frac{1}{r^3} - \frac{3y^2}{r^5}, \quad \frac{\partial}{\partial z}\left(\frac{z}{r^3}\right) = \frac{1}{r^3} - \frac{3z^2}{r^5}$$

$$\begin{aligned}
\therefore \quad \mathrm{div}\boldsymbol{A} &= \left(\frac{1}{r^3} - \frac{3x^2}{r^5}\right) + \left(\frac{1}{r^3} - \frac{3y^2}{r^5}\right) + \left(\frac{1}{r^3} - \frac{3z^2}{r^5}\right) \\
&= \frac{3}{r^3} - \frac{3}{r^5}(x^2 + y^2 + z^2) = \frac{3}{r^3} - \frac{3r^2}{r^5} \\
&= 0 \quad ∎
\end{aligned}$$

6.3.3 rot

$\mathrm{div}\boldsymbol{A}$ は ∇ と $\boldsymbol{A}$ の内積であるが，$\mathrm{rot}\boldsymbol{A}$(回転，ローテーション) は ∇ と $\boldsymbol{A}$ の外積である (curl とも書く)．

つまり，

$$\begin{aligned}
\mathrm{rot}\boldsymbol{A} &= \nabla \times \boldsymbol{A} \\
&= (\frac{\partial}{\partial x}\boldsymbol{i} + \frac{\partial}{\partial y}\boldsymbol{j} + \frac{\partial}{\partial z}\boldsymbol{k}) \times (A_x\boldsymbol{i} + A_y\boldsymbol{j} + A_z\boldsymbol{k})
\end{aligned}$$

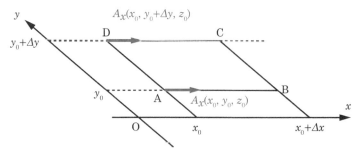

図 6.6　ローテーションのイメージ

$$= (\frac{\partial A_z}{\partial y} - \frac{\partial A_y}{\partial z})\boldsymbol{i} + (\frac{\partial A_x}{\partial z} - \frac{\partial A_z}{\partial x})\boldsymbol{j} + (\frac{\partial A_y}{\partial x} - \frac{\partial A_x}{\partial y})\boldsymbol{k}$$

$$= \begin{vmatrix} \boldsymbol{i} & \boldsymbol{j} & \boldsymbol{k} \\ \frac{\partial}{\partial x} & \frac{\partial}{\partial y} & \frac{\partial}{\partial z} \\ A_x & A_y & A_z \end{vmatrix}$$

となる．添え字が非常に覚えづらいが，最後の行列式を覚えるとクラメールの公式を使えばいいので楽である．

3 次元ベクトル空間内にあり，z 軸に垂直で，1 辺の長さが Δx，Δy の長方形 ABCD を考え，$\boldsymbol{A}$ の成分を A_x, A_y, A_z とする．

図 6.6 において，x-y 平面上の長方形 ABCD を一周する $\boldsymbol{A}$ の和を考える．最初に x 軸に平行な成分 (A→B, C→D) を，次に y 軸に平行な成分 (D→A, B→C) を考える．

$$\mathrm{A \rightarrow B} : A_x(x_0, y_0, z_0) \cdot \Delta x$$
$$\mathrm{C \rightarrow D} : -A_x(x_0, y_0 + \Delta y, z_0) \cdot \Delta x$$

以上を加え合わせると，

$$A_x(x_0, y_0, z_0) \cdot \Delta x - A_x(x_0, y_0 + \Delta y, z_0) \cdot \Delta x$$
$$= \{A_x(x_0, y_0, z_0) - A_x(x_0, y_0 + \Delta y, z_0)\} \Delta x$$
$$= -\frac{A_x(x_0y, y_0 + \Delta y, z_0) - A_x(x_0, y_0, z_0)}{\Delta y} \Delta y \cdot \Delta x$$
$$= -\frac{\partial A_x}{\partial y} \Delta y \Delta x$$

$$\text{D} \rightarrow \text{A} \,:\, -A_y(x_0, y_0, z_0) \cdot \Delta y$$
$$\text{B} \rightarrow \text{C} \,:\, A_y(x_0 + \Delta x, y_0, z_0) \cdot \Delta y$$

以上を加え合わせると,

$$-A_y(x_0, y_0, z_0) \cdot \Delta y + A_y(x_0 + \Delta x, y_0, z_0) \cdot \Delta y$$
$$= \frac{A_y(x_0 + \Delta x, y_0, z_0) - A_y(x_0, y_0, z_0)}{\Delta x} \Delta x \cdot \Delta y$$
$$= \frac{\partial A_y}{\partial x} \Delta x \Delta y$$

となるので, A→B→C→D→A では,

$$(\frac{\partial A_y}{\partial x} - \frac{\partial A_x}{\partial y}) \Delta x \Delta y = (\nabla \times \boldsymbol{A})_z \cdot \Delta x \Delta y$$

と, $\nabla \times \boldsymbol{A}$ の z 成分を表す.

z 軸に垂直な面に対してぐるっと一周すると, $(\frac{\partial A_y}{\partial x} - \frac{\partial A_x}{\partial y})$ となること
がわかった. x 成分, y 成分についても同様に,

$$x\,\text{成分} \,:\, \frac{\partial A_z}{\partial y} - \frac{\partial A_y}{\partial z}$$
$$y\,\text{成分} \,:\, \frac{\partial A_x}{\partial z} - \frac{\partial A_z}{\partial x}$$

となる. よって, $\text{rot}\boldsymbol{A}$ は

$$\text{rot}\boldsymbol{A} = \nabla \times \boldsymbol{A}$$
$$= (\frac{\partial A_z}{\partial y} - \frac{\partial A_y}{\partial z})\boldsymbol{i} + (\frac{\partial A_x}{\partial z} - \frac{\partial A_z}{\partial x})\boldsymbol{j} + (\frac{\partial A_y}{\partial x} - \frac{\partial A_x}{\partial y})\boldsymbol{k}$$

となる. このように, rot は回転させる強さ, 渦の強さを表す量とイメージ
するとよい.

問題8 $\text{rot}(\text{grad}f) = 0$ を証明せよ.

解答 定義にしたがって計算していこう.

$$\text{grad}f = \nabla f = (\frac{\partial}{\partial x}\boldsymbol{i} + \frac{\partial}{\partial y}\boldsymbol{j} + \frac{\partial}{\partial z}\boldsymbol{k})f$$
$$= \frac{\partial f}{\partial x}\boldsymbol{i} + \frac{\partial f}{\partial y}\boldsymbol{j} + \frac{\partial f}{\partial z}\boldsymbol{k}$$

なので,

$$\mathrm{rot}(\mathrm{grad}f)$$
$$= \nabla \times (\nabla f)$$
$$= \left\{ \frac{\partial}{\partial y}\left(\frac{\partial f}{\partial z}\right) - \frac{\partial}{\partial z}\left(\frac{\partial f}{\partial y}\right) \right\} \boldsymbol{i} + \left\{ \frac{\partial}{\partial z}\left(\frac{\partial f}{\partial x}\right) - \frac{\partial}{\partial x}\left(\frac{\partial f}{\partial z}\right) \right\} \boldsymbol{j}$$
$$\qquad + \left\{ \frac{\partial}{\partial x}\left(\frac{\partial f}{\partial y}\right) - \frac{\partial}{\partial y}\left(\frac{\partial f}{\partial x}\right) \right\} \boldsymbol{k}$$
$$= \left(\frac{\partial^2 f}{\partial y \partial z} - \frac{\partial^2 f}{\partial z \partial y}\right)\boldsymbol{i} + \left(\frac{\partial^2 f}{\partial z \partial x} - \frac{\partial^2 f}{\partial x \partial z}\right)\boldsymbol{j} + \left(\frac{\partial^2 f}{\partial x \partial y} - \frac{\partial^2 f}{\partial y \partial x}\right)\boldsymbol{k}$$
$$= 0 + 0 + 0 = 0 \quad \blacksquare$$

任意の関数でこれが成り立つのは不思議な感じがするだろう.

 問題9　$\mathrm{div}(\mathrm{rot}\boldsymbol{A}) = 0$ を証明せよ.

解答　これも定義にしたがって計算する.

$$\mathrm{rot}\boldsymbol{A} = \nabla \times \boldsymbol{A}$$
$$= \left(\frac{\partial \boldsymbol{A}_z}{\partial y} - \frac{\partial \boldsymbol{A}_y}{\partial z}\right)\boldsymbol{i} + \left(\frac{\partial \boldsymbol{A}_x}{\partial z} - \frac{\partial \boldsymbol{A}_z}{\partial x}\right)\boldsymbol{j} + \left(\frac{\partial \boldsymbol{A}_y}{\partial x} - \frac{\partial \boldsymbol{A}_x}{\partial y}\right)\boldsymbol{k}$$

なので,

$$\mathrm{div}(\mathrm{rot}\boldsymbol{A}) = \nabla \cdot (\nabla \times \boldsymbol{A})$$
$$= \frac{\partial}{\partial x}\left(\frac{\partial A_z}{\partial y} - \frac{\partial A_y}{\partial z}\right) + \frac{\partial}{\partial y}\left(\frac{\partial A_x}{\partial z} - \frac{\partial A_z}{\partial x}\right) + \frac{\partial}{\partial z}\left(\frac{\partial A_y}{\partial x} - \frac{\partial A_x}{\partial y}\right)$$
$$= \left(\frac{\partial^2 A_z}{\partial x \partial y} - \frac{\partial^2 A_y}{\partial x \partial z}\right) + \left(\frac{\partial^2 A_x}{\partial y \partial z} - \frac{\partial^2 A_z}{\partial y \partial x}\right) + \left(\frac{\partial^2 A_y}{\partial z \partial x} - \frac{\partial^2 A_x}{\partial z \partial y}\right)$$
$$= 0 \quad \blacksquare$$

❖ 6.3.4　ラプラシアン

$\nabla^2 = \nabla \cdot \nabla = \mathrm{div}\,\mathrm{grad}$ をラプラスの演算子またはラプラシアンという（Δ とも書く）. ラプラシアンはユークリッド空間上の関数 f の勾配 ∇f の発散 $\nabla\cdot$ として定義される2階の微分演算子である. ポテンシャル問題や波動方程式などでよく用いられる. 具体的には,

$$\Delta = \left(\frac{\partial}{\partial x}\boldsymbol{i} + \frac{\partial}{\partial y}\boldsymbol{j} + \frac{\partial}{\partial z}\boldsymbol{k}\right) \cdot \left(\frac{\partial}{\partial x}\boldsymbol{i} + \frac{\partial}{\partial y}\boldsymbol{j} + \frac{\partial}{\partial z}\boldsymbol{k}\right)$$

$$= \frac{\partial^2}{\partial x^2} + \frac{\partial^2}{\partial y^2} + \frac{\partial^2}{\partial z^2}$$

と表せる.

🔍 問題 10　$\nabla^2 \left(\dfrac{1}{r} \right)$ を求めよ.

💡 解答

$$\begin{aligned}
\nabla^2 \left(\frac{1}{r} \right) &= \frac{\partial^2}{\partial x^2} \left(\frac{1}{r} \right) + \frac{\partial^2}{\partial y^2} \left(\frac{1}{r} \right) + \frac{\partial^2}{\partial z^2} \left(\frac{1}{r} \right) \\
&= -\frac{1}{r^3} + \frac{3x^2}{r^5} - \frac{1}{r^3} + \frac{3y^2}{r^5} - \frac{1}{r^3} + \frac{3z^2}{r^5} \\
&= -3\frac{1}{r^3} + \frac{3(x^2 + y^2 + z^2)}{r^5} = -\frac{3}{r^3} + -3\frac{r^2}{r^5} \\
&= 0 \quad ■
\end{aligned}$$

🔍 問題 11　$\nabla \cdot (\boldsymbol{A} \times \boldsymbol{B}) = \boldsymbol{B} \cdot (\nabla \times \boldsymbol{A}) - \boldsymbol{A} \cdot (\nabla \times \boldsymbol{B})$ を証明せよ.

💡 解答　ちょっと大変そうに見えるが, ていねいに計算すればよい.

$$\begin{aligned}
(左辺) &= \nabla \cdot (\boldsymbol{A} \times \boldsymbol{B}) = (\frac{\partial}{\partial x}\boldsymbol{i} + \frac{\partial}{\partial y}\boldsymbol{j} + \frac{\partial}{\partial z}\boldsymbol{k}) \cdot (\boldsymbol{A} \times \boldsymbol{B}) \\
&= \frac{\partial}{\partial x}(\boldsymbol{A} \times \boldsymbol{B})_x + \frac{\partial}{\partial y}(\boldsymbol{A} \times \boldsymbol{B})_y + \frac{\partial}{\partial z}(\boldsymbol{A} \times \boldsymbol{B})_z
\end{aligned}$$

$(\boldsymbol{A} \times \boldsymbol{B})_x$ は $\boldsymbol{A} \times \boldsymbol{B}$ の x 成分であり,

$$(\boldsymbol{A} \times \boldsymbol{B})_x = A_y B_z - A_z B_y$$

である. 同様に,

$$(\boldsymbol{A} \times \boldsymbol{B})_y = A_z B_x - A_x B_z, \quad (\boldsymbol{A} \times \boldsymbol{B})_z = A_x B_y - A_y B_x$$

さて, $A_y B_z - A_z B_y$ をみると,

$$\frac{\partial}{\partial x}(A_y B_z - A_z B_y) = \frac{\partial A_y}{\partial x}B_z + A_y\frac{\partial B_z}{\partial x} - \frac{\partial A_z}{\partial x}B_y - A_z\frac{\partial B_y}{\partial x}$$

となることがわかる．同様に，

$$\frac{\partial}{\partial y}(A_z B_x - A_x B_z) = \frac{\partial A_z}{\partial y}B_x + A_z\frac{\partial B_x}{\partial y} - \frac{\partial A_x}{\partial y}B_z - A_x\frac{\partial B_z}{\partial y}$$

$$\frac{\partial}{\partial z}(A_x B_y - A_y B_x) = \frac{\partial A_x}{\partial z}B_y + A_x\frac{\partial B_y}{\partial z} - \frac{\partial A_y}{\partial z}B_x - A_y\frac{\partial B_x}{\partial z}$$

よって，

$$\nabla \cdot (\boldsymbol{A} \times \boldsymbol{B})$$
$$= B_x(\frac{\partial A_z}{\partial y} - \frac{\partial A_y}{\partial z}) + B_y(\frac{\partial A_x}{\partial z} - \frac{\partial A_z}{\partial x}) + B_z(\frac{\partial A_y}{\partial x} - \frac{\partial A_x}{\partial y})$$
$$- A_x(\frac{\partial B_z}{\partial y} - \frac{\partial B_y}{\partial z}) - A_y(\frac{\partial B_x}{\partial z} - \frac{\partial B_z}{\partial x}) - A_z(\frac{\partial B_z}{\partial x} - \frac{\partial B_x}{\partial y})$$
$$= B_x(\nabla \times \boldsymbol{A})_x + B_y(\nabla \times \boldsymbol{A})_y + B_z(\nabla \times \boldsymbol{A})_z$$
$$- A_x(\nabla \times \boldsymbol{B})_x - A_y(\nabla \times \boldsymbol{B})_y - A_z(\nabla \times \boldsymbol{B})_z$$
$$= \boldsymbol{B} \cdot (\nabla \times \boldsymbol{A}) - \boldsymbol{A} \cdot (\nabla \times \boldsymbol{B}) \quad \blacksquare$$

問題 12　$\nabla \times (\nabla \times \boldsymbol{A}) = \nabla(\nabla \cdot \boldsymbol{A}) - \nabla^2 \boldsymbol{A}$ を証明せよ．

解答　$\nabla \times \boldsymbol{A} = \boldsymbol{B}$ とおくと，

$$\nabla \times (\nabla \times \boldsymbol{A}) = \nabla \times \boldsymbol{B}$$
$$= (\frac{\partial B_z}{\partial y} - \frac{\partial B_y}{\partial z})\boldsymbol{i} + (\frac{\partial B_x}{\partial z} - \frac{\partial B_z}{\partial x})\boldsymbol{j} + (\frac{\partial B_y}{\partial x} - \frac{\partial B_x}{\partial y})\boldsymbol{k}$$

ところで，右辺の第1項は，

$$(\frac{\partial B_z}{\partial y} - \frac{\partial B_y}{\partial z})\boldsymbol{i}$$
$$= \left\{\frac{\partial}{\partial y}(\nabla \times \boldsymbol{A})_z - \frac{\partial}{\partial z}(\nabla \times \boldsymbol{A})_y\right\}\boldsymbol{i}$$
$$= \left\{\frac{\partial}{\partial y}(\frac{\partial A_y}{\partial x} - \frac{\partial A_x}{\partial y}) - \frac{\partial}{\partial z}(\frac{\partial A_x}{\partial z} - \frac{\partial A_z}{\partial x})\right\}\boldsymbol{i}$$
$$= \left\{(\frac{\partial^2 A_y}{\partial y \partial x} + \frac{\partial^2 A_z}{\partial z \partial x}) - (\frac{\partial^2 A_x}{\partial y^2} + \frac{\partial^2 A_x}{\partial z^2})\right\}\boldsymbol{i}$$
$$= \frac{\partial}{\partial x}(\frac{\partial A_y}{\partial y} + \frac{\partial A_z}{\partial z})\boldsymbol{i} - (\frac{\partial^2}{\partial y^2} + \frac{\partial^2}{\partial z^2})A_x\boldsymbol{i}$$
$$= \frac{\partial}{\partial x}(\frac{\partial A_y}{\partial y} + \frac{\partial A_z}{\partial z})\boldsymbol{i} + (\frac{\partial}{\partial x}\frac{\partial A_x}{\partial x}\boldsymbol{i} - \frac{\partial}{\partial x}\frac{\partial A_x}{\partial x}\boldsymbol{i}) - (\frac{\partial^2}{\partial y^2} + \frac{\partial^2}{\partial z^2})A_x\boldsymbol{i}$$

$$= \frac{\partial}{\partial x}\left(\frac{\partial A_x}{\partial x} + \frac{\partial A_y}{\partial y} + \frac{\partial A_z}{\partial z}\right)\boldsymbol{i} - \left(\frac{\partial^2}{\partial x^2} + \frac{\partial^2}{\partial y^2} + \frac{\partial^2}{\partial z^2}\right)A_x\boldsymbol{i}$$

$$= \frac{\partial}{\partial x}(\nabla \cdot \boldsymbol{A})\boldsymbol{i} - \nabla^2 A_x \boldsymbol{i}$$

ここで，第2項，第3項についても同様に，

$$\nabla \times (\nabla \times \boldsymbol{A})$$
$$= \left(\frac{\partial}{\partial x}\boldsymbol{i} + \frac{\partial}{\partial y}\boldsymbol{j} + \frac{\partial}{\partial z}\boldsymbol{k}\right)(\nabla \cdot \boldsymbol{A}) - \nabla^2(A_x\boldsymbol{i} + A_y\boldsymbol{j} + A_z\boldsymbol{k})$$
$$\therefore \quad \nabla \times (\nabla \times \boldsymbol{A}) = \nabla(\nabla \cdot \boldsymbol{A}) - \nabla^2 \boldsymbol{A} \quad \blacksquare$$

問題 13 電荷と電流が存在しない真空中の電場と磁場は，マクスウェル方程式

$$\nabla \cdot \boldsymbol{E} = 0$$
$$\nabla \cdot \boldsymbol{B} = 0$$
$$\nabla \times \boldsymbol{E} = -\frac{\partial \boldsymbol{B}}{\partial t}$$
$$\nabla \times \boldsymbol{B} = \varepsilon_0\mu_0\frac{\partial \boldsymbol{E}}{\partial t}$$

によって記述できる．

(1) 電場が満たす波動方程式を記述せよ．

(2) 磁場が満たす波動方程式を記述せよ．

解答 (1) $\nabla \times \boldsymbol{E} = -\dfrac{\partial \boldsymbol{B}}{\partial t}$ の両辺に $\nabla\times$ を作用させると，

$$\nabla \times (\nabla \times \boldsymbol{E}) = -\nabla \times \frac{\partial \boldsymbol{B}}{\partial t} = -\frac{\partial}{\partial t}\nabla \times \boldsymbol{B}$$

ところで，$\nabla \times \boldsymbol{B} = \varepsilon_0\mu_0\dfrac{\partial \boldsymbol{E}}{\partial t}$ より，

$$\nabla \times (\nabla \times \boldsymbol{E}) = -\frac{\partial}{\partial t}\varepsilon_0\mu_0\frac{\partial \boldsymbol{E}}{\partial t} = -\varepsilon_0\mu_0\frac{\partial^2 \boldsymbol{E}}{\partial t^2}$$

一方，$\nabla \times (\nabla \times \boldsymbol{A}) = \nabla(\nabla \cdot \boldsymbol{A}) - \nabla^2\boldsymbol{A}$ および，$\nabla \cdot \boldsymbol{E} = 0$ より，

$$\nabla \times (\nabla \times \boldsymbol{E}) = \nabla(\nabla \cdot \boldsymbol{E}) - \nabla^2\boldsymbol{E} = -\nabla^2\boldsymbol{E}$$

なので,

$$\nabla^2 \boldsymbol{E} = \varepsilon_0\mu_0 \frac{\partial^2 \boldsymbol{E}}{\partial t^2} = \frac{1}{c^2}\frac{\partial^2 \boldsymbol{E}}{\partial t^2} \quad \left(c = \frac{1}{\sqrt{\varepsilon_0\mu_0}}\right)$$

$$\therefore \quad \frac{\partial^2 \boldsymbol{E}}{\partial t^2} = c^2\nabla^2 \boldsymbol{E} = c^2(\frac{\partial^2 \boldsymbol{E}}{\partial x^2} + \frac{\partial^2 \boldsymbol{E}}{\partial y^2} + \frac{\partial^2 \boldsymbol{E}}{\partial z^2})$$

以上から, 電場 $\boldsymbol{E}$ は上記の波動方程式を満たすことがわかる.

(2)$\nabla \times \boldsymbol{B} = \varepsilon_0\mu_0 \dfrac{\partial \boldsymbol{E}}{\partial t}$ の両辺に $\nabla \times$ を作用させると,

$$\nabla \times (\nabla \times \boldsymbol{B}) = \nabla \times \varepsilon_0\mu_0 \frac{\partial \boldsymbol{E}}{\partial t} = \varepsilon_0\mu_0 \frac{\partial}{\partial t}\nabla \times \boldsymbol{E}$$

ところで, $\nabla \times \boldsymbol{E} = -\dfrac{\partial \boldsymbol{B}}{\partial t}$ より,

$$\nabla \times (\nabla \times \boldsymbol{B}) = -\varepsilon_0\mu_0 \frac{\partial}{\partial t}\frac{\partial \boldsymbol{B}}{\partial t} = -\varepsilon_0\mu_0 \frac{\partial^2 \boldsymbol{B}}{\partial t^2}$$

一方, $\nabla \times (\nabla \times \boldsymbol{A}) = \nabla(\nabla \cdot \boldsymbol{A}) - \nabla^2 \boldsymbol{A}$ および, $\nabla \cdot \boldsymbol{B} = 0$ より,

$$\nabla \times (\nabla \times \boldsymbol{B}) = \nabla(\nabla \cdot \boldsymbol{B}) - \nabla^2 \boldsymbol{B} = -\nabla^2 \boldsymbol{B}$$

なので,

$$\nabla^2 \boldsymbol{B} = \varepsilon_0\mu_0 \frac{\partial^2 \boldsymbol{B}}{\partial t^2} = \frac{1}{c^2}\frac{\partial^2 \boldsymbol{B}}{\partial t^2} \quad \left(c = \frac{1}{\sqrt{\varepsilon_0\mu_0}}\right)$$

$$\therefore \quad \frac{\partial^2 \boldsymbol{B}}{\partial t^2} = c^2\nabla^2 \boldsymbol{B} = c^2(\frac{\partial^2 \boldsymbol{B}}{\partial x^2} + \frac{\partial^2 \boldsymbol{B}}{\partial y^2} + \frac{\partial^2 \boldsymbol{B}}{\partial z^2})$$

以上から, 磁場 $\boldsymbol{B}$ は上記の波動方程式を満たすことがわかる. ■

補足　電磁場のエネルギー密度 u は,

$$u = \frac{1}{2}\varepsilon_0 \boldsymbol{E}^2 + \frac{1}{2\mu_0}\boldsymbol{B}^2$$

なので,

$$\frac{\partial u}{\partial t} = \varepsilon_0 \boldsymbol{E} \cdot \frac{\partial \boldsymbol{E}}{\partial t} + \frac{1}{\mu_0}\boldsymbol{B} \cdot \frac{\partial \boldsymbol{B}}{\partial t}$$

となる. ところで,

$$\nabla \times \boldsymbol{B} = \varepsilon_0\mu_0 \frac{\partial \boldsymbol{E}}{\partial t} \implies \frac{\partial \boldsymbol{E}}{\partial t} = \frac{1}{\varepsilon_0\mu_0}\nabla \times \boldsymbol{B}$$

$$\nabla \times \boldsymbol{E} = -\frac{\partial \boldsymbol{B}}{\partial t} \implies \frac{\partial \boldsymbol{B}}{\partial t} = -\nabla \times \boldsymbol{E}$$

より,

$$\begin{aligned}
\frac{\partial u}{\partial t} &= \varepsilon_0 \boldsymbol{E} \cdot \frac{\partial \boldsymbol{E}}{\partial t} + \frac{1}{\mu_0} \boldsymbol{B} \frac{\partial \boldsymbol{B}}{\partial t} \\
&= \varepsilon_0 \boldsymbol{E} \cdot (\frac{1}{\varepsilon_0 \mu_0} \nabla \times \boldsymbol{B}) - \frac{1}{\mu_0} \boldsymbol{B} \cdot (\nabla \times \boldsymbol{E}) \\
&= \frac{1}{\mu_0} \boldsymbol{E} \cdot (\nabla \times \boldsymbol{B}) - \frac{1}{\mu_0} \boldsymbol{B} \cdot (\nabla \times \boldsymbol{E})
\end{aligned}$$

また, 公式として, $\nabla \cdot (\boldsymbol{A} \times \boldsymbol{B}) = \boldsymbol{B} \cdot (\nabla \times \boldsymbol{A}) - \boldsymbol{A} \cdot (\nabla \times \boldsymbol{B})$ より,

$$\nabla \cdot (\boldsymbol{E} \times \boldsymbol{B}) = \boldsymbol{B} \cdot (\nabla \times \boldsymbol{E}) - \boldsymbol{E} \cdot (\nabla \times \boldsymbol{B})$$

なので,

$$\frac{\partial u}{\partial t} = -\nabla \cdot \left\{ \frac{1}{\mu_0} (\boldsymbol{E} \times \boldsymbol{B}) \right\}$$

と書ける. $\boldsymbol{S} \equiv \frac{1}{\mu_0}(\boldsymbol{E} \times \boldsymbol{B})$ は, ポインティング・ベクトル (Poynting vector) とよばれ, 電磁エネルギーの流れの密度を表す.

6.4 ガウスの定理

ガウスの定理は,

$$\int_V \mathrm{div}\boldsymbol{E}\,dV = \int_S \boldsymbol{E} \cdot \boldsymbol{n}\,dS$$

と表される. 左辺は $\mathrm{div}\boldsymbol{E}$ を立体全体で積分したものであり, 右辺は閉曲面の面積分である. つまりガウスの定理とは, ベクトル場において, 「面積分と, 発散の体積積分は等しい」と言っているのである.

微小直方体 dV からの湧き出し流れ出る線は必ずそれを囲む面 S を横切る. このことを数式で表現してみよう.

微小直方体 $\Delta V = \Delta x \Delta y \Delta z$ を考える. この微小直方体からの湧き出しは,

$$\mathrm{div}\boldsymbol{A} = \nabla \cdot \boldsymbol{A} = (\frac{\partial}{\partial x}\boldsymbol{i} + \frac{\partial}{\partial y}\boldsymbol{j} + \frac{\partial}{\partial z}\boldsymbol{k}) \cdot \boldsymbol{A}$$

この微小体積からの湧き出しの合計は,

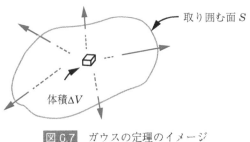

取り囲む面 S

体積 ΔV

図 6.7　ガウスの定理のイメージ

$$N = (\nabla \cdot \boldsymbol{A})\Delta V = (\mathrm{div}\boldsymbol{A})\Delta V$$

となる．したがって，任意の体積 V に対して積分を行うと，

$$N = \int_V \nabla \cdot \boldsymbol{A}dV$$

　一方で，これを囲う任意の面 S を横切る流量は，面の法線ベクトルを $\boldsymbol{n}$ とすると，

$$N = \int_S \boldsymbol{A} \cdot \boldsymbol{n}dS$$

となる．以上から，

$$\int_S \boldsymbol{A} \cdot \boldsymbol{n}dS = \int_V \nabla \cdot \boldsymbol{A}dV$$

である．

問題 14　閉曲面 S で囲まれた領域 D の体積 V は，

$$V = \frac{1}{3} \iint_S \boldsymbol{r} \cdot \boldsymbol{n}dS$$

で与えられることを示せ．また，球の表面積を $4\pi r^2$ とするとき，球の体積を面積分により求めよ．

解答　ガウスの定理を使って，

$$\frac{1}{3} \iint_S \boldsymbol{r} \cdot \boldsymbol{n}dS = \frac{1}{3} \iiint_V \nabla \cdot \boldsymbol{r}dV$$
$$= \frac{1}{3} \iiint_V (\frac{\partial x}{\partial x} + \frac{\partial y}{\partial y} + \frac{\partial z}{\partial z})dV$$

$$= \iiint_V dV$$
$$= V$$

球の中心を原点として，球の半径を r とすると，球上の位置ベクトル $\boldsymbol{r}$ は $r = |\boldsymbol{r}|$ を満たし，面の法線ベクトルは $\boldsymbol{r}$ と同じ方向を向くので，$\boldsymbol{n} = \dfrac{\boldsymbol{r}}{r}$ となる．

よって，$\boldsymbol{r} \cdot \boldsymbol{n} = \dfrac{\boldsymbol{r} \cdot \boldsymbol{r}}{r} = r$ なので，

$$V = \frac{1}{3} \int_S \boldsymbol{r} \cdot \boldsymbol{n} dS = \frac{r}{3} \int_S dS = \frac{r}{3} \times 4\pi r^2 = \frac{4}{3}\pi r^3 \quad \blacksquare$$

問題 15 ガウスの法則の積分形は，全電荷を Q，電場を $\boldsymbol{E}$，電荷密度を ρ，真空の誘電率を ε_0 とすると，

$$\int_S \boldsymbol{E} \cdot \boldsymbol{n} dS = \frac{Q}{\varepsilon_0}$$

である．ガウスの法則の微分形を求めよ．

 解答 全電荷は，電荷密度を ρ とすると，

$$Q = \int_V \rho dV$$

と書ける．ところで，ガウスの定理は，

$$\int_S \boldsymbol{E} \cdot \boldsymbol{n} dS = \int_V \nabla \cdot \boldsymbol{E} dV = \int_V \mathrm{div}\boldsymbol{E} dV$$

である．ガウスの法則の積分形は，

$$\int_S \boldsymbol{E} \cdot \boldsymbol{n} dS = \frac{Q}{\varepsilon_0}$$
$$= \frac{1}{\varepsilon_0} \int_V \rho dV$$

なので，

$$\int_V \mathrm{div}\boldsymbol{E} dV = \frac{1}{\varepsilon_0} \int_V \rho dV$$

以上から，

$$\mathrm{div}\,\boldsymbol{E} = \frac{\rho}{\varepsilon_0} \quad \blacksquare$$

問題16 流体の密度を $\rho(x, y, z, t)$，速度を $\boldsymbol{v}(x, y, z, t)$ とする．湧き出しも吸い込みもない場合，連続の式 (保存則)

$$\frac{\partial \rho}{\partial t} + \nabla \cdot (\rho \boldsymbol{v}) = 0$$

が成立することを示せ．

解答 流体内において，ある領域 V を決め，その表面を S とする．領域 V の内部の流体の全質量 M は，

$$M = \iiint_V \rho dV$$

単位時間に表面 S を通過して領域 V の外部で流れ出る流体の全質量は，面 S 上の単位法線ベクトルを $\boldsymbol{n}$ とすると，

$$\iint_S \rho \boldsymbol{v} \cdot \boldsymbol{n} dS$$

となる．いま，湧き出しも吸い込みもないという条件なので，

$$\frac{dM}{dt} + \iint_S \rho \boldsymbol{v} \cdot \boldsymbol{n} dS = 0$$

よって，

$$\iiint_V \frac{\partial \rho}{\partial t} dV + \iint_S \rho \boldsymbol{v} \cdot \boldsymbol{n} dS = \iiint_V \frac{\partial \rho}{\partial t} dV + \iiint_V \nabla \cdot (\rho v) dV$$

$$\iiint_V (\frac{\partial \rho}{\partial t} + \nabla \cdot (\rho \boldsymbol{v})) dV = 0$$

以上より，

$$\frac{\partial \rho}{\partial t} + \nabla \cdot (\rho \boldsymbol{v}) = 0 \quad \blacksquare$$

6.5 ストークスの定理

ストークスの定理は，

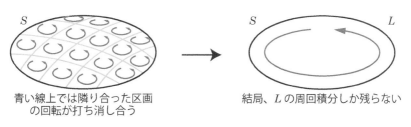

青い線上では隣り合った区画
の回転が打ち消し合う

結局、L の周回積分しか残らない

図 6.8 ストークスの定理のイメージ

$$\iint_S (\nabla \times \boldsymbol{A})\boldsymbol{n}dS = \iint_S \mathrm{rot}\boldsymbol{A} \cdot d\boldsymbol{S} = \int_C \boldsymbol{A} \cdot \boldsymbol{t}ds$$

である．左辺と中辺はベクトル場の回転を曲面上で面積分したものである．
右辺はもとのベクトル場を曲面の境界で線積分したものである．

図 6.8 にみるように，面に垂直な単位ベクトルを $\boldsymbol{n}$ として，面全体を考え
た場合，

$$\int_S (\nabla \times \boldsymbol{A}) \cdot \boldsymbol{n}dS$$

と表せるが，$\boldsymbol{t}$ を外周に沿った単位ベクトルとすると，面全体の外周の線積
分は

$$\int_C \boldsymbol{A} \cdot \boldsymbol{t}ds$$

に等しいことになる．

ストークスの定理を用いると，マクスウェルの方程式からアンペールの法
則やファラデーの電磁誘導の法則を導くことができる．

◈ 6.5.1 アンペールの法則

マクスウェル方程式からアンペールの法則を導いてみよう．時間に依存し
ない静電場 $\boldsymbol{E}$，静磁場 $\boldsymbol{B}$ を考える．電流は定常状態にあるとし，真空の透
磁率を μ_0，電流密度を $\boldsymbol{j}$ とすると，マクスウェル方程式より，

$$\nabla \cdot \boldsymbol{B} = 0, \quad \nabla \times \boldsymbol{B} = \mu_0\boldsymbol{j}$$

である．任意の閉曲線 C に沿って，静磁場 $\boldsymbol{B}$ の線積分を行えば，ストーク
スの定理より，閉曲線 C を境界とする任意の曲面 S に対して，

$$\oint_C \boldsymbol{B} \cdot d\boldsymbol{l} = \iint_S (\nabla \times \boldsymbol{B}) \cdot d\boldsymbol{S}$$

となる．右辺のみ前述の静磁場と電流密度の関係式を用いて，書き換えれば，

$$\oint_C \boldsymbol{B} \cdot d\boldsymbol{l} = \mu_0 \iint_S \boldsymbol{j} \cdot d\boldsymbol{S}$$

となる．右辺の電流密度の面積分は閉曲線 C で囲まれる面 S を貫いて流れる電流 I に対応しており，

$$\oint_C \boldsymbol{B} \cdot d\boldsymbol{l} = \mu_0 I$$

となる．このように，曲面を貫いて流れる電流 I とその電流の周囲に発生する静磁場の関係が導かれた．これをアンペールの法則という．

6.5.2 ファラデーの電磁誘導の法則

マクスウェル方程式からファラデーの電磁誘導の法則を導いてみよう．閉曲線 C に沿った誘導起電力 V は

$$V = \oint_C \boldsymbol{E} \cdot d\boldsymbol{l}$$

である．閉曲線 C を境界とする曲面 S に対し，ストークスの定理を適用すれば，

$$\begin{aligned} V &= \oint_C \boldsymbol{E} \cdot d\boldsymbol{l} \\ &= \iint_S (\nabla \times \boldsymbol{E}) \cdot d\boldsymbol{S} = \iint_S \mathrm{rot} \boldsymbol{E} \cdot d\boldsymbol{S} \end{aligned}$$

となる．右辺の被積分関数にマクスウェル方程式

$$\nabla \times \boldsymbol{E} = -\frac{\partial \boldsymbol{B}}{\partial t}$$

を代入すると，

$$V = -\iint_S \frac{\partial \boldsymbol{B}}{\partial t} \cdot d\boldsymbol{S} = -\frac{d}{dt} \iint_S \boldsymbol{B} \cdot d\boldsymbol{S}$$

となる．ところで，右辺の磁場 $\boldsymbol{B}$ の面積分は磁束 $\varPhi$ なので，

$$V = -\frac{d}{dt} \varPhi$$

となる．こうして，誘電起電力が磁束の時間変化で与えられるという関係が導かれた．これをファラデーの電磁誘導の法則という．

 問題 17　閉曲線 C について,

$$\int_C \boldsymbol{r} \cdot d\boldsymbol{r} = 0$$

となることを示せ.

解答　閉曲線 C を境界としてもつ曲面 S を考えて, ストークスの定理を適用すると,

$$\int_C \boldsymbol{r} \cdot d\boldsymbol{r} = \int_S (\nabla \times \boldsymbol{r}) \cdot \boldsymbol{n} dS$$

ここで, rot の定義から $\nabla \times \boldsymbol{r} = 0$ なので,

$$\int_S (\nabla \times \boldsymbol{r}) \cdot \boldsymbol{n} dS = \int_S 0 \cdot \boldsymbol{n} dS = 0$$

以上から,

$$\int_C \boldsymbol{r} \cdot d\boldsymbol{r} = 0 \quad ■$$

問題 18　磁場 $\boldsymbol{H}$ と電流密度 $\boldsymbol{i}$ の間に $\mathrm{rot}\,\boldsymbol{H} = \boldsymbol{i}$ が成り立つとして, 半径 a の円筒内部に一様に電流が流れているときの磁場を求めよ.

解答　座標として, 図 6.9 のように, 円筒の中心軸を z 軸とする円筒座標 (r, θ, z) を用いる. 円筒内部の電流密度の大きさを i_0 とし, その方向を z 方向とする. 磁場の大きさを $H(r)$ とし, その向きは円周方向とする.

　ストークスの定理 $\int_S (\mathrm{rot}\,\boldsymbol{H}) \cdot d\boldsymbol{S} = \int_C \boldsymbol{H} \cdot d\boldsymbol{s}$ と $\mathrm{rot}\,\boldsymbol{H} = \boldsymbol{i}$ を用いると,

$$\oint_C \boldsymbol{H} \cdot d\boldsymbol{s} = \int_S i_n dS$$

となる. 磁場と $\boldsymbol{s}$ の方向は同じなので

$$\oint_C H \cdot ds = \int_S i_n dS$$

(i)$r > a$(外側) の場合

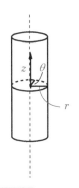

図 6.9 問題 18

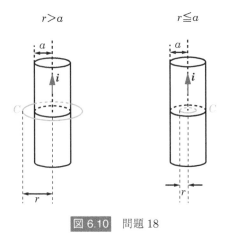

図 6.10 問題 18

図 6.10 左のように半径 r の円周を考えると

$$(左辺) = \oint_C H \cdot ds = H(r) \oint_C ds = H(r)2\pi r$$

$$(右辺) = \int_S i_n(r, \theta, z)dS = i_0 \int_S dS = i_0 \pi a^2$$

となるので，左辺 ＝ 右辺より，

$$H(r)2\pi r = i_0 \pi a^2$$

$$\therefore \quad H(r) = \frac{i_0 \pi a^2}{2\pi r} = \frac{a^2}{2r} i_0$$

(ii) $r \leqq a$(内側) の場合

図 6.10 右のように半径 r の円周を考えて，

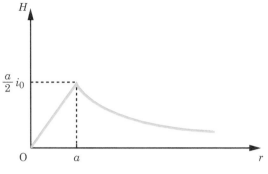

図 6.11　問題 18 解答

$$(左辺) = \oint_C H \cdot ds = H(r) \oint_C ds = H(r)2\pi r$$

$$(右辺) = \int_S i_n(r,\theta,z)dS = i_0 \int_S dS = i_0 \pi r^2$$

左辺＝右辺より，

$$H(r)2\pi r = i_0 \pi r^2$$

$$\therefore \quad H(r) = \frac{i_0 \pi r^2}{2\pi r} = \frac{r}{2}i_0$$

(i), (ii) より，得られた結果をグラフ化したものが図 6.11 である．　■

第7章

線形代数

☐ 7.1 座標の回転

点 $\mathrm{P}(x, y)$ を，図 7.1 のように θ だけ回転させ，点 $\mathrm{P}'(x', y')$ に座標変換すること考えてみる．図 7.1 のような変換では，P と P' の間で

$$x' = x\cos\theta + y\sin\theta$$
$$y' = -x\sin\theta + y\cos\theta$$

という関係式が成立する．

☐ 7.2 行列

◆ 7.2.1 行列

$(m \times n)$ 個の数を縦と横に並べて配列したもの行列という．上の式を行列を用いて書き直すと，次のように書ける．

$$\begin{pmatrix} x' \\ y' \end{pmatrix} = \begin{pmatrix} \cos\theta & \sin\theta \\ -\sin\theta & \cos\theta \end{pmatrix} \begin{pmatrix} x \\ y \end{pmatrix}$$

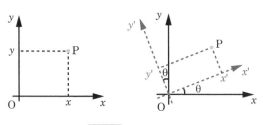

図 7.1 座標変換

この場合は，2×2 行列という．2×2 や n×n のように，縦と横の行数と列数が等しい行列を正方行列という．この行列を行列 A とすると，行列 A，つまり

$$A = \begin{pmatrix} \cos\theta & \sin\theta \\ -\sin\theta & \cos\theta \end{pmatrix}$$

は，(x, y) を (x', y') に変換する行列である．

行は row，列は column という．囲み記事をコラムという．

7.2.2 単位行列

行列の成分が，$\begin{pmatrix} 1 & 0 \\ 0 & 1 \end{pmatrix}$ や $\begin{pmatrix} 1 & 0 & 0 \\ 0 & 1 & 0 \\ 0 & 0 & 1 \end{pmatrix}$ のような行列を単位行列という．これらの行列で 1 が入っている要素を，対角成分という．つまり，単位行列は，対角成分がすべて 1 で，その他の成分はすべて 0 の正方行列のことをいう．E や I を用いて表す．

行列 A が正方行列で，単位行列を E とすると，

$$AE = EA = A$$

となる．

7.2.3 零 (ゼロ) 行列

すべての要素が 0 である行列をゼロ行列といい，O で表す．ゼロ行列を用いると，

$$A + (-A) = O, \quad A + O = O + A = A$$

が成り立つ．

7.2.4 零因子

$A \neq O, B \neq O$ でかつ $AB = O$ となるような行列 A, B を零因子という．

7.2.5 転置行列

$m \times n$ 行列 A の行と列を入れ替えた行列を転置行列といい，A^T と書く（$^t A$

とも書く）．具体的には，

$$
A = \begin{pmatrix} a_{11} & a_{12} & \cdots & a_{1n} \\ a_{21} & a_{22} & & \vdots \\ \vdots & & & \vdots \\ a_{m1} & \cdots & \cdots & a_{mn} \end{pmatrix}
$$

と定義されるとき，

$$
A^T = \begin{pmatrix} a_{11} & a_{21} & \cdots & a_{m1} \\ a_{12} & a_{22} & & \vdots \\ \vdots & & & \vdots \\ a_{1n} & \cdots & \cdots & a_{mn} \end{pmatrix}
$$

7.2.6 対角行列

対角成分以外の成分が，すべて 0 の正方行列を対角行列という．i 番目の対角成分が λ_i であるとき，対角行列 A は，

$$
A = \begin{pmatrix} \lambda_1 & 0 & 0 & & 0 \\ 0 & \lambda_2 & 0 & & 0 \\ 0 & 0 & \lambda_3 & 0 & \vdots \\ 0 & 0 & 0 & \ddots & \vdots \\ 0 & 0 & \cdots & \cdots & \lambda_n \end{pmatrix}
$$

となる．また，$A = A^T$ である．

7.2.7 対称行列

$A^T = A$ が成立する行列 A を対称行列という．

7.2.8 交代行列 (反対称行列)

$A^T = -A$ が成立する行列 A を交代行列という．

◆ 7.2.9 複素共役行列

行列 $A = (a_{ij})$ のすべての要素 a_{ij} を，その複素共役 a_{ij}^* で置き換えた行列を複素共役行列といい，A^* で表す．正方行列 A について，

$A^T = A^*$ ならば，エルミート行列

$A^T = -A^*$ ならば，反エルミート行列

転置と複素共役を同時に行って得られる行列を，エルミート共役行列といい $A^\dagger$ で表す．$A^\dagger$ は，エー・ダガーと読む．

エルミート行列は $A^\dagger = A$，反エルミート行列は $A^\dagger = -A$ と書ける．

問題1 行列 $A = \begin{pmatrix} \cos\theta & \sin\theta \\ -\sin\theta & \cos\theta \end{pmatrix}$ について，以下の問に答えよ．

(1) $\theta = \frac{\pi}{2}$ のときおよび $\theta = 0$ のときの行列をそれぞれ求めよ．

(2) A^T を求めよ．

解答 (1) 各要素を計算する．

$$\theta = \frac{\pi}{2}\text{のとき}; \begin{pmatrix} \cos\frac{\pi}{2} & \sin\frac{\pi}{2} \\ -\sin\frac{\pi}{2} & \cos\frac{\pi}{2} \end{pmatrix} = \begin{pmatrix} 0 & 1 \\ -1 & 0 \end{pmatrix}$$

$$\theta = 0\text{のとき}; \begin{pmatrix} \cos 0 & \sin 0 \\ -\sin 0 & \cos 0 \end{pmatrix} = \begin{pmatrix} 1 & 0 \\ 0 & 1 \end{pmatrix}$$

(2)

$$A^T = \begin{pmatrix} \cos\theta & -\sin\theta \\ \sin\theta & \cos\theta \end{pmatrix} \quad \blacksquare$$

☐ 7.3 逆行列

n 次の正方行列 A に対して，単位行列を E とするとき，

$$AX = XA = E$$

を満たす n 次の正方行列 X が存在すれば，A は正則であるという．このときの X を A の逆行列とよび A^{-1} で表す．

それでは，2 行 2 列の正方行列 A の逆行列 X を求めてみよう．具体的には，$AX = E$ となるような $X(= A^{-1})$ を求める．

$$A = \begin{pmatrix} a_{11} & a_{12} \\ a_{21} & a_{22} \end{pmatrix}, \quad X = \begin{pmatrix} p & q \\ r & s \end{pmatrix}$$

とする．このとき，$AX = E$ より

$$\begin{pmatrix} a_{11} & a_{12} \\ a_{21} & a_{22} \end{pmatrix} X = \begin{pmatrix} a_{11} & a_{12} \\ a_{21} & a_{22} \end{pmatrix} \begin{pmatrix} p & q \\ r & s \end{pmatrix} = \begin{pmatrix} 1 & 0 \\ 0 & 1 \end{pmatrix}$$

行列の計算を進めると，

$$a_{11} \cdot p + a_{12} \cdot r = 1 \quad \cdots ①$$
$$a_{11} \cdot q + a_{12} \cdot s = 0 \quad \cdots ②$$
$$a_{21} \cdot p + a_{22} \cdot r = 0 \quad \cdots ③$$
$$a_{21} \cdot q + a_{22} \cdot s = 1 \quad \cdots ④$$

以上より

$$① \times a_{22} - ③ \times a_{12} = (a_{11}a_{22} - a_{12}a_{21}) \cdot p = a_{22}$$
$$③ \times a_{11} - ① \times a_{21} = (a_{11}a_{22} - a_{12}a_{21}) \cdot r = -a_{21}$$
$$② \times a_{22} - ④ \times a_{12} = (a_{11}a_{22} - a_{12}a_{21}) \cdot q = -a_{12}$$
$$④ \times a_{11} - ② \times a_{21} = (a_{11}a_{22} - a_{12}a_{21}) \cdot s = a_{11}$$

ところで，$a_{11}a_{22} - a_{12}a_{21} \neq 0$ のとき，$a_{11}a_{22} - a_{12}a_{21} = |A|$ とおくと，

$$p = \frac{a_{22}}{|A|}, \quad q = -\frac{a_{12}}{|A|}, \quad r = -\frac{a_{21}}{|A|}, \quad s = \frac{a_{11}}{|A|}$$

となるので，逆行列 X は，

$$X = A^{-1} = \frac{1}{A} \begin{pmatrix} a_{22} & -a_{12} \\ -a_{21} & a_{11} \end{pmatrix}$$

となる．また，$|A| = a_{11}a_{22} - a_{12}a_{21} = 0$ のときは，分母が不能となり，逆行列は存在しない．

 問題2　行列 A の逆行列 A^{-1} を求めよ．また，A^{-1} と A^T の関係を求めよ．

$$A = \begin{pmatrix} \cos\theta & \sin\theta \\ -\sin\theta & \cos\theta \end{pmatrix}$$

解答　逆行列 X は，

$$X = A^{-1} = \frac{1}{|A|} \begin{pmatrix} a_{22} & -a_{12} \\ -a_{21} & a_{11} \end{pmatrix}$$

なので，

$$A^{-1} = \frac{1}{|A|} \begin{pmatrix} \cos\theta & -\sin\theta \\ \sin\theta & \cos\theta \end{pmatrix}$$

ところで，$|A| = \sin^2\theta + \cos^2\theta = 1$ なので，

$$A^{-1} = \begin{pmatrix} \cos\theta & -\sin\theta \\ \sin\theta & \cos\theta \end{pmatrix}$$

さらに，

$$A^T = \begin{pmatrix} \cos\theta & -\sin\theta \\ \sin\theta & \cos\theta \end{pmatrix}$$

より，

$$A^{-1} = A^T \quad \blacksquare$$

補足 正方行列 A について，$A^\dagger \equiv (A^*)^T = A^{-1}$，または，$A^\dagger A = E$ を満たすとき，この行列 A をユニタリー行列という．実ユニタリー行列は直交行列とよばれ，$A^T = A^{-1}$，または，$A^T A = E$ という関係が成立する．

□ 7.4 行列式

7.4.1 行列式

$|A|$ のことを A の行列式とよび，$\det A$(デターミナント・エー) とも表す．

$$|A| = a_{11}a_{22} - a_{12}a_{21} = \det A$$

問題3 行列式 $|A|$ の値を求めよ．

$$|A| = \begin{vmatrix} 1 & 1 \\ 1 & 1 \end{vmatrix}$$

解答

$$|A| = \begin{vmatrix} 1 & 1 \\ 1 & 1 \end{vmatrix} = 1 - 1 = 0 \quad \blacksquare$$

補足 この行列は，どんな行列を掛けても単位行列にならないので逆行列は存在しない．一般に，$|A| = 0$ のとき，行列 A の逆行列は存在しない．

問題4 座標軸の回転を表す行列 R の行列式を求めよ．

$$R = \begin{pmatrix} \cos\theta & \sin\theta \\ -\sin\theta & \cos\theta \end{pmatrix}$$

解答

$$|R| = \begin{vmatrix} \cos\theta & \sin\theta \\ -\sin\theta & \cos\theta \end{vmatrix} = \sin^2\theta + \cos^2\theta = 1 \quad \blacksquare$$

補足 回転を表す行列などのように，ベクトルの大きさを変えない行列の行列式は ⊥1 となる．

さて，n 行 n 列の正方行列の場合の行列式を求めてみよう．

$$\det A = \begin{vmatrix} a_{11} & a_{12} & \cdots & a_{1n} \\ a_{21} & a_{22} & & \vdots \\ \vdots & & \ddots & \vdots \\ a_{n1} & a_{n2} & \cdots & a_{nn} \end{vmatrix}$$

において，i 行 j 列を除いた行列式を D_{ij} と表す．つまり，下記の赤文字部分を除いたものである．なお，この D_{ij} を小行列式という．

$$D_{ij} = \begin{vmatrix} a_{11} & \cdots & a_{1j} & \cdots & a_{1n} \\ \vdots & & \vdots & & \vdots \\ a_{i1} & \cdots & \cdots & \cdots & \vdots \\ \vdots & & \vdots & & \vdots \\ a_{n1} & \cdots & \cdots & \cdots & a_{nm} \end{vmatrix}$$

または，D_{ij} に，$(-1)^{i+j}$ を掛けたものを余因子といい，

$$A_{ij} = (-1)^{i+j} \cdot D_{ij}$$

と表す．このとき，行列式は，

$$\det A = a_{i1}A_{i1} + a_{i2}A_{i2} + \cdots + a_{in}A_{in} \quad (i = 1, 2, \cdots, n)$$

または，

$$\det A = a_{1j}A_{1j} + a_{2j}A_{2j} + \cdots + a_{nj}A_{nj} \quad (j = 1, 2, \cdots, n)$$

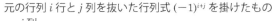

元の行列 i 行と j 列を抜いた行列式 $(-1)^{i+j}$ を掛けたもの

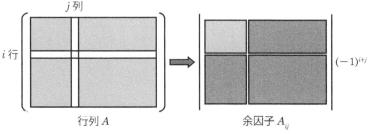

j 列

i 行

行列 A

余因子 A_{ij}

$(-1)^{i+j}$

図 7.2　小行列式

と書ける.

問題 5　3 行 3 列の次の行列 A の行列式を求めよ.

$$A = \begin{pmatrix} a_{11} & a_{12} & a_{13} \\ a_{21} & a_{22} & a_{23} \\ a_{31} & a_{32} & a_{33} \end{pmatrix}$$

解答　行列式を D とおくと,

$$D = \begin{vmatrix} a_{11} & a_{12} & a_{13} \\ a_{21} & a_{22} & a_{23} \\ a_{31} & a_{32} & a_{33} \end{vmatrix}$$

$i = 1, j = 1 \quad \rightarrow \quad A_{11} = (-1)^{1+1} \cdot D_{11} = D_{11}$

$$A_{11} = \begin{vmatrix} a_{22} & a_{23} \\ a_{32} & a_{33} \end{vmatrix}$$

$i = 1, j = 2 \quad \rightarrow \quad A_{12} = (-1)^{1+2} \cdot D_{12} = -D_{12}$

$$A_{12} = - \begin{vmatrix} a_{21} & a_{23} \\ a_{31} & a_{33} \end{vmatrix}$$

$$i = 1, j = 3 \quad \rightarrow \quad A_{13} = (-1)^{1+3} \cdot D_{13} = D_{13}$$

$$A_{13} = \begin{vmatrix} a_{21} & a_{22} \\ a_{31} & a_{32} \end{vmatrix}$$

以上から,

$$\det A = a_{11}A_{11} + a_{12}A_{12} + a_{13}A_{13}$$

$$= a_{11} \begin{vmatrix} a_{22} & a_{23} \\ a_{32} & a_{33} \end{vmatrix} - a_{12} \begin{vmatrix} a_{21} & a_{23} \\ a_{31} & a_{33} \end{vmatrix} + a_{13} \begin{vmatrix} a_{21} & a_{22} \\ a_{31} & a_{32} \end{vmatrix}$$

$$= a_{11}(a_{22}a_{33} - a_{23}a_{32}) - a_{12}(a_{21}a_{33} - a_{23}a_{31}) + a_{13}(a_{21}a_{32} - a_{22}a_{31})$$

$$= a_{11}a_{22}a_{33} - a_{11}a_{23}a_{32} - a_{12}a_{21}a_{33} + a_{12}a_{23}a_{31} + a_{13}a_{21}a_{32} - a_{13}a_{22}a_{31}$$

補足 　3行3列の行列の行列式は, どの行, または, どの列の要素で展開しても, 得られる結果は同じである. 例えば,

$$\det A = a_{31} \begin{vmatrix} a_{12} & a_{13} \\ a_{22} & a_{23} \end{vmatrix} - a_{32} \begin{vmatrix} a_{11} & a_{13} \\ a_{21} & a_{23} \end{vmatrix} + a_{33} \begin{vmatrix} a_{11} & a_{12} \\ a_{21} & a_{22} \end{vmatrix}$$

$$= a_{31}a_{12}a_{23} - a_{31}a_{13}a_{22} - a_{32}a_{11}a_{23} + a_{32}a_{13}a_{21} + a_{33}a_{11}a_{22} - a_{33}a_{12}a_{21}$$

$$= a_{11}a_{22}a_{33} - a_{11}a_{23}a_{32} - a_{12}a_{21}a_{33} + a_{12}a_{23}a_{31} + a_{13}a_{21}a_{32} - a_{13}a_{22}a_{31}$$

となり, 同じになる.

◈ 7.4.2 　サラスの展開

　3行3列の行列式の場合は, サラスの展開を活用すると便利である. なお, この方法は4次以上では使えないので注意が必要!

□ 　7.5 　固有値と固有ベクトル

　$n \times n$ 行列を行列 A, $\boldsymbol{x}$ を列ベクトルとし, 1次方程式,

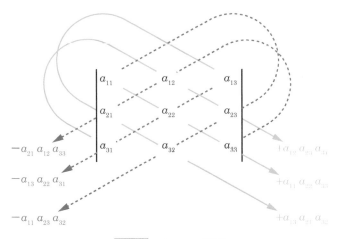

$$-a_{21}\,a_{12}\,a_{33}$$
$$-a_{13}\,a_{22}\,a_{31}$$
$$-a_{11}\,a_{23}\,a_{32}$$

図 7.3 サラスの展開

$$Ax = \lambda x$$

を考えるとき，この式を満足する λ(スカラー) を固有値とよび，このときの x を固有値 λ に対する行列 A の固有ベクトルとよぶ.

$$\begin{pmatrix} a_{11} & a_{12} & \cdots & a_{1n} \\ a_{21} & a_{22} & & \vdots \\ \vdots & & \ddots & \vdots \\ a_{n1} & \cdots & \cdots & a_{nn} \end{pmatrix}\begin{pmatrix} x_1 \\ \vdots \\ \vdots \\ x_n \end{pmatrix} = \lambda \begin{pmatrix} x_1 \\ \vdots \\ \vdots \\ x_n \end{pmatrix}$$

ここで単位行列を E として，

$$Ax = \lambda E x$$

と表すことができるので，式を変形して，

$$(A - \lambda E)x = 0$$

となる．これが成立するためには，

$$\det(A - \lambda E) = \begin{vmatrix} a_{11} - \lambda & a_{12} & \cdots & a_{1n} \\ a_{21} & a_{22} - \lambda & & \vdots \\ \vdots & & \ddots & \vdots \\ a_{n1} & \cdots & \cdots & a_{nn} - \lambda \end{vmatrix} = 0$$

となる必要がある．これを固有方程式または特性方程式という．

固有値は，一般には複素数である．固有方程式は重解をもつこともあり，このとき，固有値は縮退しているという．

問題6 次の式より，固有値と固有ベクトルを求めよ．

$$\begin{pmatrix} E_0 & V \\ V & E_0 \end{pmatrix} \begin{pmatrix} x_1 \\ x_2 \end{pmatrix} = \varepsilon \begin{pmatrix} x_1 \\ x_2 \end{pmatrix}$$

解答 まず，求める固有値は，

$$\begin{vmatrix} E_0 - \varepsilon & V \\ V & E_0 - \varepsilon \end{vmatrix} = (\varepsilon - E_0)^2 - V^2 = (\varepsilon - E_0 - V)(\varepsilon - E_0 + V) = 0$$

より，$\varepsilon = E_0 \pm V$ となる．

続いて，固有ベクトルを，$\varepsilon = E_0 + V$ の場合と，$\varepsilon = E_0 - V$ の場合とで求める．

(i) $\varepsilon = E_0 + V$ の場合

$$\begin{pmatrix} E_0 & V \\ V & E_0 \end{pmatrix} \begin{pmatrix} x_1 \\ x_2 \end{pmatrix} = (E_0 + V) \begin{pmatrix} x_1 \\ x_2 \end{pmatrix}$$

$$\begin{pmatrix} E_0 & V \\ V & E_0 \end{pmatrix} \begin{pmatrix} x_1 \\ x_2 \end{pmatrix} - (E_0 + V) \begin{pmatrix} x_1 \\ x_2 \end{pmatrix}$$

$$= \begin{pmatrix} E_0 x_1 + V x_2 - (E_0 + V) x_1 \\ V x_1 + E_0 x_2 - (E_0 + V) x_2 \end{pmatrix} = \begin{pmatrix} -V x_1 + V x_2 \\ V x_1 - V x_2 \end{pmatrix} = 0$$

よって，$x_1 = x_2$ となる.

ここで，大きさを1に規格化すると，求める固有ベクトルは，

$$\begin{pmatrix} x_1 \\ x_2 \end{pmatrix} = \begin{pmatrix} \frac{1}{\sqrt{2}} \\ \frac{1}{\sqrt{2}} \end{pmatrix}$$

(ii) $\varepsilon = E_0 - V$ の場合

$$\begin{pmatrix} E_0 & V \\ V & E_0 \end{pmatrix} \begin{pmatrix} x_1 \\ x_2 \end{pmatrix} = (E_0 - V) \begin{pmatrix} x_1 \\ x_2 \end{pmatrix}$$

$$\begin{pmatrix} E_0 & V \\ V & E_0 \end{pmatrix} \begin{pmatrix} x_1 \\ x_2 \end{pmatrix} - (E_0 - V) \begin{pmatrix} x_1 \\ x_2 \end{pmatrix}$$

$$= \begin{pmatrix} E_0 x_1 + V x_2 - (E_0 - V) x_1 \\ V x_1 + E_0 x_2 - (E_0 - V) x_2 \end{pmatrix} = \begin{pmatrix} V x_1 + V x_2 \\ V x_1 + V x_2 \end{pmatrix} = 0$$

よって，$x_1 = -x_2$ となる.

ここで，大きさを1に規格化すると，求める固有ベクトルは，

$$\begin{pmatrix} x_1 \\ x_2 \end{pmatrix} = \begin{pmatrix} \frac{1}{\sqrt{2}} \\ -\frac{1}{\sqrt{2}} \end{pmatrix} \quad \blacksquare$$

補足 実は，この例題は，水素分子のエネルギーと波動関数を求める問題である．水素原子 A の波動関数を φ_A とし，水素原子 B の波動関数を φ_B とする．2つの水素原子が結合して分子となったときの波動関数を $x_1 \varphi_A + x_2 \varphi_B$，エネルギーを ε とし，水素分子のエネルギーを表すハミルトニアンを $H(\boldsymbol{r})$ とすると，

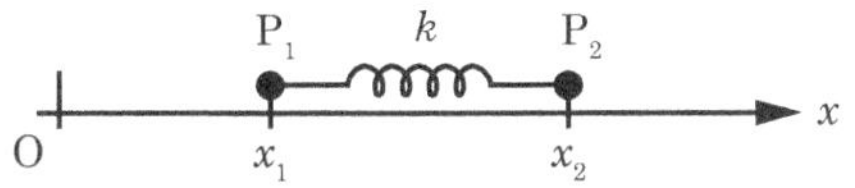

図 7.4 で、$\mathrm{P_1}$ k $\mathrm{P_2}$、x_1、x_2、O、x

図 7.4　問題 7

$$\begin{pmatrix} \int \varphi^*{}_A H(\boldsymbol{r}) \varphi_A d\boldsymbol{r} & \int \varphi^*{}_A H(\boldsymbol{r}) \varphi_B d\boldsymbol{r} \\ \int \varphi^*{}_B H(\boldsymbol{r}) \varphi_A d\boldsymbol{r} & \int \varphi^*{}_B H(\boldsymbol{r}) \varphi_B d\boldsymbol{r} \end{pmatrix} \begin{pmatrix} x_1 \\ x_2 \end{pmatrix} = \varepsilon \begin{pmatrix} x_1 \\ x_2 \end{pmatrix}$$

と書ける. ハミルトニアン行列 H の各要素が $H_{11} = E_0, H_{12} = V, H_{21} = V, H_{22} = E_0 (V<0)$ と書けるとき，固有値方程式は，

$$\begin{pmatrix} E_0 & V \\ V & E_0 \end{pmatrix} \begin{pmatrix} x_1 \\ x_2 \end{pmatrix} = \varepsilon \begin{pmatrix} x_1 \\ x_2 \end{pmatrix}$$

と書ける. 求められた固有値, すなわち水素分子のエネルギー ε は, $\varepsilon = E_0 \pm V$ である. 分子として安定するのはエネルギーの低い状態の $\varepsilon = E_0 + V$ のほうであり, 波動関数 $x_1 \varphi_A + x_2 \varphi_B$ は, $\begin{pmatrix} x_1 \\ x_2 \end{pmatrix} = \begin{pmatrix} \frac{1}{\sqrt{2}} \\ \frac{1}{\sqrt{2}} \end{pmatrix}$ より, $\frac{1}{\sqrt{2}}(\varphi_A + \varphi_B)$ となる. この場合は，分子として結合しているので，この状態の波動関数を結合軌道 (bonding orbital) とよぶ. これに対して，エネルギーの高い状態 $\varepsilon = E_0 - V$ では, $\begin{pmatrix} x_1 \\ x_2 \end{pmatrix} = \begin{pmatrix} \frac{1}{\sqrt{2}} \\ -\frac{1}{\sqrt{2}} \end{pmatrix}$ より, $\frac{1}{\sqrt{2}}(\varphi_A - \varphi_B)$ となり, 分子として結合をしていない. この状態の波動関数を反結合軌道 (anti-bonding orbital) とよぶ.

問題7　図 7.4 のように，同質量 m の質点 $\mathrm{P_1}$, $\mathrm{P_2}$ が，ばね定数 k のばねに接続されて，なめらかな床面上におかれている. 任意の時刻 t における $\mathrm{P_1}$, $\mathrm{P_2}$ の座標を x_1, x_2 とする. この振動の固有角振動数 ω および固有ベクトルを求めよ. ただし, 質点 $\mathrm{P_1}$, $\mathrm{P_2}$ は x 軸上のみを運動するものとする.

解答　$\mathrm{P_1}$ の加速度を a_1, $\mathrm{P_2}$ の加速度を a_2 とおき, ばねの自然長を

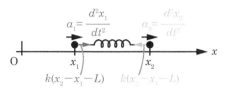

$$\boxed{図\,7.5} \quad 問題7$$

L とおくと，運動方程式は

$$\mathrm{P}_1 \; ; \; ma_1 = m\frac{d^2x_1}{dt^2} = k(x_2 - x_1 - L)$$

$$\mathrm{P}_2 \; ; \; ma_2 = m\frac{d^2x_2}{dt^2} = -k(x_2 - x_1 - L)$$

$$\therefore \quad \frac{d^2x_1}{dt^2} = \frac{k}{m}(x_2 - x_1 - L), \quad \frac{d^2x_2}{dt^2} = -\frac{k}{m}(x_2 - x_1 - L)$$

となる (この式は $x_2 - x_1 - L$ の正負に関係なく成り立つ)．それぞれの質点の平衡点 x_{01}, x_{02} からのずれ x_1', x_2' を

$$x_1' = x_1 - x_{01}, \quad x_2' = x_2 - x_{02}$$

とすると，

$$
\begin{aligned}
x_2 - x_1 - L &= (x_2' + x_{02}) - (x_1' + x_{01}) - L \\
&= (x_2' - x_1') + (x_{02} - x_{01}) - L
\end{aligned}
$$

となる．また，$x_{02} - x_{01} = L$ なので，

$$x_2 - x_1 - L = x_2' - x_1'$$

となる．これより 2 つの方程式は，

$$\frac{d^2x_1'}{dt^2} = \frac{k}{m}(x_2' - x_1'), \quad \frac{d^2x_2'}{dt^2} = -\frac{k}{m}(x_2' - x_1')$$

となる．2 階の微分方程式であるから，

$$x_1' = A_1 e^{i\omega t}, \quad x_2' = A_2 e^{i\omega t}$$

とおいて，微分方程式に代入すると，

$$-\omega^2 A_1 e^{i\omega t} = \frac{k}{m}(A_2 - A_1)e^{i\omega t}$$

$$-\omega^2 A_2 e^{i\omega t} = -\frac{k}{m}(A_2 - A_1)e^{i\omega t}$$

$$\therefore \quad \omega^2 A_1 = -\frac{k}{m}(A_2 - A_1), \quad \omega^2 A_2 = \frac{k}{m}(A_2 - A_1)$$

行列を用いて表記し，左辺と右辺を入れ替えて，

$$\begin{pmatrix} \frac{k}{m} & -\frac{k}{m} \\ -\frac{k}{m} & \frac{k}{m} \end{pmatrix} \begin{pmatrix} A_1 \\ A_2 \end{pmatrix} = \omega^2 \begin{pmatrix} A_1 \\ A_2 \end{pmatrix}$$

$$\therefore \quad \begin{pmatrix} \frac{k}{m} - \omega^2 & -\frac{k}{m} \\ -\frac{k}{m} & \frac{k}{m} - \omega^2 \end{pmatrix} \begin{pmatrix} A_1 \\ A_2 \end{pmatrix} = \begin{pmatrix} 0 \\ 0 \end{pmatrix}$$

となる．よって，

$$\det \begin{pmatrix} \frac{k}{m} - \omega^2 & -\frac{k}{m} \\ -\frac{k}{m} & \frac{k}{m} - \omega^2 \end{pmatrix} = 0$$

$$\left(\frac{k}{m} - \omega^2\right)\left(\frac{k}{m} - \omega^2\right) - \left(\frac{k}{m}\right)\left(\frac{k}{m}\right) = 0$$

$$\left(\frac{k}{m}\right)^2 - 2\left(\frac{k}{m}\right)\omega^2 + \omega^4 - \left(\frac{k}{m}\right)^2 = 0$$

$$\therefore \quad \omega^2 \left\{2\left(\frac{k}{m}\right) - \omega^2\right\} = 0$$

$\omega = 0$ の場合には振動しないので，$\omega \neq 0$ となる．よって，求める各振動数は，$\omega = \sqrt{\dfrac{2k}{m}}$ である．$\omega^2 = \dfrac{2k}{m}$ を上の方程式に代入すると，

$$\begin{pmatrix} \frac{k}{m} - \omega^2 & -\frac{k}{m} \\ -\frac{k}{m} & \frac{k}{m} - \omega^2 \end{pmatrix} \begin{pmatrix} A_1 \\ A_2 \end{pmatrix} = \begin{pmatrix} -\frac{k}{m}A_1 & -\frac{k}{m}A_2 \\ -\frac{k}{m}A_1 & -\frac{k}{m}A_2 \end{pmatrix} = \begin{pmatrix} 0 \\ 0 \end{pmatrix}$$

$$-\frac{k}{m}A_1 - \frac{k}{m}A_2 = 0, \quad \therefore \quad A_1 = -A_2$$

となる．よって，固有ベクトルは，

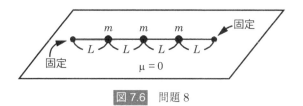

図 7.6　問題 8

$$\begin{pmatrix} A_1 \\ A_2 \end{pmatrix} = C \begin{pmatrix} 1 \\ -1 \end{pmatrix} \quad (C \text{ は定数})$$

であることがわかる. ■

補足　この運動は，2 つの質点がお互いに逆向きに同振幅の振動をしていることを示す.

（？）問題 8　図 7.6 のように，なめらかな水平面上に長さ $4L$ の糸をおき両端を固定する. 質量 m の 3 個の質点を間隔 L で取りつけ，糸に垂直な方向に振動させた. このときの振動のようすを述べよ. ただし，振動は微小で，糸の張力 T の変化は無視できるものとする.

解答　図 7.7 のように，張力を T とし，もとの位置からの移動による傾きを θ とし，i 番目の質点の位置を x_i とおくと，i 番目の質点の運動方程式は，

$$\begin{aligned} m\frac{d^2 x_i}{dt^2} &= T\sin\theta_i - T\sin\theta_{i-1} \\ &\fallingdotseq T\tan\theta_i - T\tan\theta_{i-1} \\ &= T\left(\frac{x_{i+1}-x_i}{L} - \frac{x_i-x_{i-1}}{L}\right) \\ \therefore \quad m\frac{d^2 x_i}{dt^2} &= T\left(\frac{x_{i+1}-x_i}{L} - \frac{x_i-x_{i-1}}{L}\right) \end{aligned}$$

3 つの質点のそれぞれの運動方程式は，各質点の位置を x_0, x_1, x_2, x_3, x_4 とおくと

$$m\frac{d^2 x_1}{dt^2} = T\left(\frac{x_2-x_1}{L} - \frac{x_1-x_0}{L}\right)$$

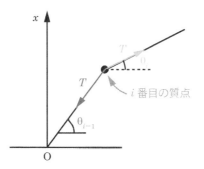

図 7.7 問題 8 解答

$$m\frac{d^2x_2}{dt^2} = T\left(\frac{x_3-x_2}{L} - \frac{x_2-x_1}{L}\right)$$

$$m\frac{d^2x_3}{dt^2} = T\left(\frac{x_4-x_3}{L} - \frac{x_3-x_2}{L}\right)$$

ここで，x_0, x_4 は固定されているので $x_0 = x_4 = 0$ である．したがって，それぞれの運動方程式は，

$$\frac{d^2x_1}{dt^2} = \frac{T}{mL}\left(x_2 - 2x_1\right)$$

$$\frac{d^2x_2}{dt^2} = \frac{T}{mL}\left(x_3 - 2x_2 + x_1\right)$$

$$\frac{d^2x_3}{dt^2} = \frac{T}{mL}\left(-2x_3 + x_2\right)$$

となる．いずれも 2 階の微分方程式であるから，

$$x_1 = A_1 e^{i\omega t}, \quad x_2 = A_2 e^{i\omega t}, \quad x_3 = A_3 e^{i\omega t}$$

を代入すると，

$$-\omega^2 A_1 e^{i\omega t} = \frac{T}{mL} e^{i\omega t}\left(A_2 - 2A_1\right)$$

$$-\omega^2 A_2 e^{i\omega t} = \frac{T}{mL} e^{i\omega t}\left(A_3 - 2A_2 + A_1\right)$$

$$-\omega^2 A_3 e^{i\omega t} = \frac{T}{mL} e^{i\omega t}\left(-2A_3 + A_2\right)$$

ここで，行列

$$\omega^2 \begin{pmatrix} A_1 \\ A_2 \\ A_3 \end{pmatrix}$$

を利用して計算すると便利で,

$$\omega^2 A_1 = -\frac{T}{mL}\left(A_2 - 2A_1\right)$$
$$\omega^2 A_2 = -\frac{T}{mL}\left(A_3 - 2A_2 + A_1\right)$$
$$\omega^2 A_3 = -\frac{T}{mL}\left(-2A_3 + A_2\right)$$

と変形すると,

$$\begin{pmatrix} \frac{2T}{mL} & -\frac{T}{mL} & 0 \\ -\frac{T}{mL} & \frac{2T}{mL} & -\frac{T}{mL} \\ 0 & -\frac{T}{mL} & \frac{2T}{mL} \end{pmatrix} \begin{pmatrix} A_1 \\ A_2 \\ A_3 \end{pmatrix} = \omega^2 \begin{pmatrix} A_1 \\ A_2 \\ A_3 \end{pmatrix}$$

となる. さらに式変形をして,

$$\begin{pmatrix} \frac{2T}{mL} - \omega^2 & -\frac{T}{mL} & 0 \\ -\frac{T}{mL} & \frac{2T}{mL} - \omega^2 & -\frac{T}{mL} \\ 0 & -\frac{T}{mL} & \frac{2T}{mL} - \omega^2 \end{pmatrix} \begin{pmatrix} A_1 \\ A_2 \\ A_3 \end{pmatrix} = \begin{pmatrix} 0 \\ 0 \\ 0 \end{pmatrix}$$

より,

$$\begin{vmatrix} \frac{2T}{mL} - \omega^2 & -\frac{T}{mL} & 0 \\ -\frac{T}{mL} & \frac{2T}{mL} - \omega^2 & -\frac{T}{mL} \\ 0 & -\frac{T}{mL} & \frac{2T}{mL} - \omega^2 \end{vmatrix} = 0$$

図 7.8 のサラスの展開を用いて, $a_{12}a_{23}a_{31} + a_{11}a_{22}a_{33} + a_{13}a_{21}a_{32} - a_{21}a_{12}a_{33} - a_{13}a_{22}a_{31} - a_{11}a_{23}a_{32}$ より,

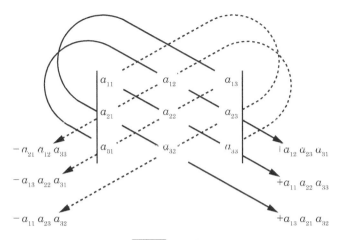

図 7.8 問題 8

$$0 + \left(\frac{2T}{mL} - \omega^2\right)^3 + 0 - \left(\frac{T}{mL}\right)^2\left(\frac{2T}{mL} - \omega^2\right) - 0 - \left(\frac{T}{mL}\right)^2\left(\frac{2T}{mL} - \omega^2\right) = 0$$

式をまとめると

$$\left(\frac{2T}{mL} - \omega^2\right)\left\{\left(\frac{2T}{mL} - \omega^2\right)^2 - 2\left(\frac{T}{mL}\right)^2\right\}$$

$$= \left(\frac{2T}{mL} - \omega^2\right)\left\{\left(\frac{2T}{mL}\right)^2 - 2\frac{2T}{mL}\omega^2 + \omega^4 - 2\left(\frac{T}{mL}\right)^2\right\}$$

$$= -\left(\omega^2 - \frac{2T}{mL}\right)\left(\omega^4 - 4\frac{T}{mL}\omega^2 + 2(\frac{T}{mL})^2\right) = 0$$

ここで, $\omega^2 = x$, $\frac{T}{mL} = a$ とおくと,

$$(x - 2a)\left(x^2 - 4ax + 2a^2\right) = 0$$
$$x = 2a, \quad \left(2 \pm \sqrt{2}\right)a$$

よって,

$$\omega_1 = \sqrt{\frac{2T}{mL}}$$
$$\omega_2 = \sqrt{2 + \sqrt{2}} \cdot \sqrt{\frac{T}{mL}}$$
$$\omega_3 = \sqrt{2 - \sqrt{2}} \cdot \sqrt{\frac{T}{mL}}$$

となることから，この運動には 3 つの振動状態があることがわかる.

(i) $\omega_1 = \sqrt{\frac{2T}{mL}}$ のとき，$(\omega_1{}^2 = \frac{2T}{mL})$

$$
\begin{pmatrix}
\frac{2T}{mL} - \frac{2T}{mL} & -\frac{T}{mL} & 0 \\
-\frac{T}{mL} & \frac{2T}{mL} - \frac{2T}{mL} & -\frac{T}{mL} \\
0 & -\frac{T}{mL} & \frac{2T}{mL} - \frac{3T}{mL}
\end{pmatrix}
=
\begin{pmatrix}
0 & -\frac{T}{mL} & 0 \\
-\frac{T}{mL} & 0 & -\frac{T}{mL} \\
0 & -\frac{T}{mL} & 0
\end{pmatrix}
$$

よって，

$$
\begin{pmatrix}
0 & -\frac{T}{mL} & 0 \\
-\frac{T}{mL} & 0 & -\frac{T}{mL} \\
0 & -\frac{T}{mL} & 0
\end{pmatrix}
\begin{pmatrix}
A_1 \\ A_2 \\ A_3
\end{pmatrix}
=
\begin{pmatrix}
0 \\ 0 \\ 0
\end{pmatrix}
$$

このことから，

$$
-\frac{T}{mL}A_2 = 0, \quad -\frac{T}{mL}A_1 - \frac{T}{mL}A_3 = 0
$$

なので，$A_2 = 0, A_1 + A_3 = 0$ となる．よって，

$$
\begin{pmatrix} A_1 \\ A_2 \\ A_3 \end{pmatrix} = A \begin{pmatrix} 1 \\ 0 \\ -1 \end{pmatrix}
$$

規格化して，

$$
A_1{}^2 + A_2{}^2 + A_3{}^2 = A^2 + 0^2 + (-A)^2 = 1
$$
$$
\therefore \quad A = \frac{1}{\sqrt{2}}
$$

よって

$$
A_1 = \frac{1}{\sqrt{2}}, A_2 = 0, A_3 = -\frac{1}{\sqrt{2}}
$$
$$
\therefore \quad (A_1, A_2, A_3) = (\frac{1}{\sqrt{2}}, 0, -\frac{1}{\sqrt{2}}) = (A, 0, -A)
$$

7.5

固有値と固有ベクトル

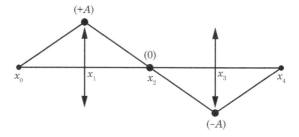

図 7.9 問題 8 解答　振動状態

以上から，x_1 と x_3 の位相が逆になっていることがわかる．このときの振動の状態は図 7.9 のようになる．

(ii)　$\omega_2 = \sqrt{2 + \sqrt{2}} \cdot \sqrt{\dfrac{T}{mL}}$ のとき，$\left(\omega_2{}^2 = \left(2 + \sqrt{2}\right) \cdot \dfrac{T}{mL}\right)$

$$
\begin{pmatrix}
\dfrac{2T}{mL} - \dfrac{(2+\sqrt{2})T}{mL} & -\dfrac{T}{mL} & 0 \\[2mm]
-\dfrac{T}{mL} & \dfrac{2T}{mL} - \dfrac{(2+\sqrt{2})T}{mL} & -\dfrac{T}{mL} \\[2mm]
0 & -\dfrac{T}{mL} & \dfrac{2T}{mL} - \dfrac{(2+\sqrt{2})T}{mL}
\end{pmatrix}
$$

$$
=
\begin{pmatrix}
-\sqrt{2}\dfrac{T}{mL} & -\dfrac{T}{mL} & 0 \\[2mm]
-\dfrac{T}{mL} & -\sqrt{2}\dfrac{T}{mL} & -\dfrac{T}{mL} \\[2mm]
0 & -\dfrac{T}{mL} & -\sqrt{2}\dfrac{T}{mL}
\end{pmatrix}
$$

よって，

$$
\begin{pmatrix}
-\sqrt{2}\dfrac{T}{mL} & -\dfrac{T}{mL} & 0 \\[2mm]
-\dfrac{T}{mL} & -\sqrt{2}\dfrac{T}{mL} & -\dfrac{T}{mL} \\[2mm]
0 & -\dfrac{T}{mL} & -\sqrt{2}\dfrac{T}{mL}
\end{pmatrix}
\begin{pmatrix}
A_1 \\[2mm] A_2 \\[2mm] A_3
\end{pmatrix}
=
\begin{pmatrix}
0 \\[2mm] 0 \\[2mm] 0
\end{pmatrix}
$$

この行列式から次の方程式が得られる．

$$
-\sqrt{2}\frac{T}{mL}A_1 - \frac{T}{mL}A_2 = 0
$$
$$
-\frac{T}{mL}A_1 - \sqrt{2}\frac{T}{mL}A_2 - \frac{T}{mL}A_3 = 0
$$

133

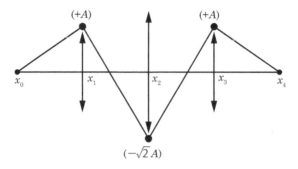

図 7.10 問題 8 解答 振動状態

$$-\frac{T}{mL}A_2 - \sqrt{2}\frac{T}{mL}A_3 = 0$$

以上を簡単に整理すると,

$$\sqrt{2}A_1 + A_2 = 0, \quad A_1 + \sqrt{2}A_2 + A_3 = 0, \quad A_2 + \sqrt{2}A_3 = 0$$

$$\therefore \quad \begin{pmatrix} A_1 \\ A_2 \\ A_3 \end{pmatrix} = A \begin{pmatrix} 1 \\ -\sqrt{2} \\ 1 \end{pmatrix}$$

規格化すると,

$$A_1{}^2 + A_2{}^2 + A_3{}^2 = A^2 + \left(-\sqrt{2}A\right)^2 + A^2 = 4A^2 = 1$$

$$\therefore \quad A = \frac{1}{\sqrt{4}} = \frac{1}{2}$$

なので,

$$(A_1, A_2, A_3) = \left(\frac{1}{2}, -\frac{\sqrt{2}}{2}, \frac{1}{2}\right) = (A, -\sqrt{2}A, A)$$

以上からこの振動状態は, 図 7.10 のようになる.

(iii) $\omega_3 = \sqrt{2-\sqrt{2}} \cdot \sqrt{\frac{T}{mL}}$ のとき, $\left(\omega_2{}^2 = \left(2-\sqrt{2}\right) \cdot \frac{T}{mL}\right)$

$$\begin{pmatrix} \frac{2T}{mL} - \frac{(2-\sqrt{2})T}{mL} & -\frac{T}{mL} & 0 \\ -\frac{T}{mL} & \frac{2T}{mL} - \frac{(2-\sqrt{2})T}{mL} & -\frac{T}{mL} \\ 0 & -\frac{T}{mL} & \frac{2T}{mL} - \frac{(2-\sqrt{2})T}{mL} \end{pmatrix}$$

$$= \begin{pmatrix} \sqrt{2}\dfrac{T}{mL} & -\dfrac{T}{mL} & 0 \\[2mm] -\dfrac{T}{mL} & \sqrt{2}\dfrac{T}{mL} & -\dfrac{T}{mL} \\[2mm] 0 & -\dfrac{T}{mL} & \sqrt{2}\dfrac{T}{mL} \end{pmatrix}$$

よって,

$$\begin{pmatrix} \sqrt{2}\dfrac{T}{mL} & -\dfrac{T}{mL} & 0 \\[2mm] -\dfrac{T}{mL} & \sqrt{2}\dfrac{T}{mL} & -\dfrac{T}{mL} \\[2mm] 0 & -\dfrac{T}{mL} & \sqrt{2}\dfrac{T}{mL} \end{pmatrix} \begin{pmatrix} A_1 \\[2mm] A_2 \\[2mm] A_3 \end{pmatrix} = \begin{pmatrix} 0 \\[2mm] 0 \\[2mm] 0 \end{pmatrix}$$

$$\sqrt{2}\frac{T}{mL}A_1 - \frac{T}{mL}A_2 = 0$$
$$-\frac{T}{mL}A_1 + \sqrt{2}\frac{T}{mL}A_2 - \frac{T}{mL}A_3 = 0$$
$$-\frac{T}{mL}A_2 + \sqrt{2}\frac{T}{mL}A_3 = 0$$

以上を簡単に整理すると,

$$\sqrt{2}A_1 - A_2 = 0, \quad A_1 - \sqrt{2}A_2 + A_3 = 0, \quad A_2 - \sqrt{2}A_3 = 0$$

$$\therefore \quad \begin{pmatrix} A_1 \\[2mm] A_2 \\[2mm] A_3 \end{pmatrix} = A \begin{pmatrix} 1 \\[2mm] \sqrt{2} \\[2mm] 1 \end{pmatrix}$$

規格化すると,

$$A_1{}^2 + A_2{}^2 + A_3{}^2 = A^2 + \left(\sqrt{2}A\right)^2 + A^2 = 4A^2 = 1$$
$$A = \frac{1}{\sqrt{4}} = \frac{1}{2}$$

なので,

$$(A_1, A_2, A_3) = \left(\frac{1}{2}, \frac{\sqrt{2}}{2}, \frac{1}{2}\right) = (A, \sqrt{2}A, A)$$

以上からこの振動状態は,図 7.11 のようになる. ∎

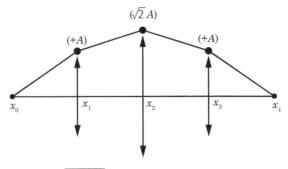

図 7.11　問題 8 解答　振動状態

第8章

複素関数

□ 8.1 複素関数での微分

◈ 8.1.1 ド・モアブルの定理とオイラーの公式

複素数 z は，x, y を実数として

$$z = x + yi$$

と表される．x を z の real part(実部) といい $x = \mathrm{Re}\, z$，y を z の imaginary part(虚部) といい $y = \mathrm{Im}\, z$ と表す．

複素数 $z = a + bi (a, b$ は実数$)$ を，複素平面で表すと，図 8.1 右のように描ける．また，図 8.2 のように，極座標でも表すことができる．

ところで，$a = r\cos\theta$，$b = r\sin\theta$ なので，

$$z = a + bi = r(\cos\theta + i\sin\theta)$$

ここで，$r = 1$ として，2 つの複素数，

$$z_1 = \cos\theta_1 + i\sin\theta_1, \quad z_2 = \cos\theta_2 + i\sin\theta_2$$

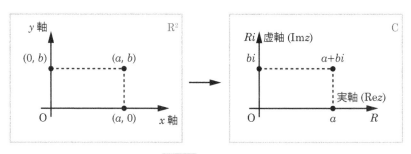

図 8.1 複素平面

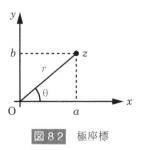

図 82 極座標

を考える.

$$z_1 \cdot z_2 = (\cos\theta_1 + i\sin\theta_1)(\cos\theta_2 + i\sin\theta_2)$$
$$= \cos\theta_1 \cos\theta_2 - \sin\theta_1 \sin\theta_2 + i(\sin\theta_1 \cos\theta_2 + \cos\theta_1 \sin\theta_2)$$

であり,

$$\cos(\theta_1 + \theta_2) = \cos\theta_1 \cos\theta_2 - \sin\theta_1 \sin\theta_2$$
$$\sin(\theta_1 + \theta_2) = \sin\theta_1 \cos\theta_2 + \cos\theta_1 \sin\theta_2$$

なので,

$$z_1 \cdot z_2 = \cos(\theta_1 + \theta_2) + i\sin(\theta_1 + \theta_2)$$

となる. これを繰り返すと,

$$z_1 \cdot z_2 \cdot z_3 = \cos(\theta_1 + \theta_2 + \cdots) + i\sin(\theta_1 + \theta_2 + \cdots)$$

が得られるが, $\theta_1 = \theta_2 = \theta_3 = \cdots$ とすると, $\theta_1 + \theta_2 + \theta_3 + \cdots = n\theta$ となり, 帰納法的に考えると,

$$(\cos\theta + i\sin\theta)^n = \cos n\theta + i\sin n\theta$$

が成立する. これを, ド・モアブルの定理という.

② 問題 1 　ド・モアブルの定理を証明せよ.

💡 解答 　$n \geqq 0$ のときを証明する. $n = 0, 1$ のときは自明.

k 番目で $(\cos\theta + i\sin\theta)^k = \cos k\theta + i\sin k\theta$ が成立すると仮定して，$k+1$ 番目でも成立するかどうかを調べる．

$$(\cos\theta + i\sin\theta)^{k+1}$$
$$= (\cos\theta + i\sin\theta)^k(\cos\theta + i\sin\theta)$$
$$= (\cos k\theta + i\sin k\theta)(\cos\theta + i\sin\theta)$$
$$= (\cos k\theta\cos\theta - \sin k\theta\sin\theta) + i(\sin k\theta\cos\theta + \cos k\theta\sin\theta)$$
$$= \cos(k+1)\theta + i\sin(k+1)\theta$$

となり，$n = k+1$ でも成立するので，すべての $n(\geqq 0)$ で成立する．

続いて，$n<0$ の場合を証明する．

$n<0$ のとき，$n = -m$ とおくと，m は自然数である．m については定理の等式が成り立つから，

$$(\cos\theta + i\sin\theta)^n = (\cos\theta + i\sin\theta)^{-m}$$
$$= \frac{1}{(\cos\theta + i\sin\theta)^m}$$
$$= \frac{1}{\cos m\theta + i\sin m\theta} = \frac{\cos m\theta - i\sin m\theta}{(\cos m\theta + i\sin m\theta)(\cos m\theta - i\sin m\theta)}$$
$$= \frac{\cos m\theta - i\sin m\theta}{1} = \cos(-m\theta) + i\sin(-m\theta)$$
$$= \cos(-m)\theta + i\sin(-m)\theta$$
$$= \cos n\theta + i\sin n\theta$$

となり，n が負の整数でも成り立つ．

以上より，すべての整数で成り立つ．■

続いて，オイラーの公式についてみてみよう．e^x をテイラー展開してみると，

$$e^x = 1 + x + \frac{1}{2!}x^2 + \frac{1}{3!}x^3 + \frac{1}{4!}x^4 + \frac{1}{5!}x^5 + \cdots$$

となる．ここで，x を ix に置き換えると，

$$e^{ix} = 1 + ix + \frac{1}{2!}(ix)^2 + \frac{1}{3!}(ix)^3 + \frac{1}{4!}(ix)^4 + \frac{1}{5!}(ix)^5 + \cdots$$
$$= 1 + ix - \frac{1}{2!}x^2 - \frac{1}{3!}ix^3 + \frac{1}{4!}x^4 + \frac{1}{5!}ix^5 - \cdots$$
$$= (1 - \frac{1}{2!}x^2 + \frac{1}{4!}x^4 - \cdots) + i(x - \frac{1}{3!}x^3 + \frac{1}{5!}x^5 - \cdots)$$

$$= \cos x + i \sin x$$

$$\therefore \quad e^{ix} = \cos x + i \sin x$$

となる. さらに,

$$e^{-ix} = \cos x - i \sin x$$

ところで, これらの和, 差をとると,

$$e^{ix} + e^{-ix} = 2 \cos x, \quad e^{ix} - e^{-ix} = 2i \sin x$$

となることから,

$$\cos x = \frac{e^{ix} + e^{-ix}}{2}, \quad \sin x = \frac{e^{ix} - e^{-ix}}{2i}$$

と表すことができる.

問題2 実変数の関数 $f(x)$ を次のように定義する.

$$f(x) = (\cos x - i \sin x) \cdot e^{ix}$$

この式を微分することで, オイラーの公式を証明せよ.

解答 与式を微分すると,

$$
\begin{aligned}
f'(x) &= (\cos x - i \sin x)' \cdot e^{ix} + (\cos x - i \sin x) \cdot (e^{ix})' \\
&= (-\sin x - i \cos x) \cdot e^{ix} + (\cos x - i \sin x) \cdot i e^{ix} \\
&= \{(-\sin x - i \cos x) + (i \cos x - i^2 \sin x)\} \cdot e^{ix} \\
&= \{(-\sin x - i \cos x) + (i \cos x + \sin x)\} \cdot e^{ix} = 0
\end{aligned}
$$

したがって, すべての実数 x において $f'(x) = 0$ が成り立つ. このことは, $f(x)$ が定数関数であったことを示す.

ところで, $f(x) = f(0) = (\cos 0 - i \sin 0) \cdot e^{i \cdot 0} = 1$ なので, $(\cos x - i \sin x) \cdot e^{ix} = 1$. ここで, 複素共役な $(\cos x + i \sin x)$ を掛けると,

$$(\cos x - i \sin x)(\cos x + i \sin x) \cdot e^{ix} = (\cos x + i \sin x)$$

$$(\cos^2 x + \sin^2 x) \cdot e^{ix} = \cos x + i \sin x$$

$$\therefore \quad e^{ix} = \cos x + i \sin x \quad \blacksquare$$

8.1.2 複素関数

z が複素数のとき $f(z)$ を複素関数という. $z = x + iy$ として, 複素関数の微分を考える. なお $f(z) = p(x, iy)$ とも表記する.

まず, f の x と iy による偏微分は, それぞれ,

$$\frac{\partial f}{\partial x} = \frac{\partial f}{\partial z} \cdot \frac{\partial z}{\partial x}$$

$$\frac{\partial f}{\partial (iy)} = \frac{1}{i} \cdot \frac{\partial f}{\partial y} = \frac{1}{i} \cdot \frac{\partial f}{\partial z} \cdot \frac{\partial z}{\partial y}$$

となる. また,

$$\frac{\partial z}{\partial x} = 1, \quad \frac{\partial z}{\partial y} = i$$

なので,

$$\frac{\partial f}{\partial x} = \frac{\partial f}{\partial z} \cdot 1 = \frac{\partial f}{\partial z}$$

$$\frac{\partial f}{\partial (iy)} = \frac{1}{i} \cdot \frac{\partial f}{\partial z} \cdot i = \frac{\partial f}{\partial z}$$

となるので, 複素関数 $f(z)$ の微分は, 実関数の微分と同様に,

$$\lim_{\Delta z \to 0} \frac{\Delta f(z)}{\Delta z} = \lim_{\Delta z \to 0} \frac{f(z + \Delta z) - f(z)}{\Delta z}$$

と定義できる.

このとき $f(z)$ は, z で微分可能であるという. $f(z)$ が, $z = a$ で微分可能でない場合, この a のことを特異点とよぶ. また, 微分可能な複素関数を正則関数とよぶ.

それでは, $f(z) = p(x, y) + q(x, y) \cdot i$ の場合をみてみる. 定義に従い展開すると,

$$\lim_{\Delta z \to 0} \frac{f(z + \Delta z) - f(z)}{\Delta z}$$

$$= \lim_{\substack{\Delta x \to 0 \\ \Delta y \to 0}} \frac{\{p(x + \Delta x, y + \Delta y) + iq(x + \Delta x, y + \Delta y)\} - \{p(x, y) + iq(x, y)\}}{\Delta x + i\Delta y}$$

$$= \lim_{\substack{\Delta x \to 0 \\ \Delta y \to 0}} \frac{p(x+\Delta x, y+\Delta y) - p(x,y)}{\Delta x + i\Delta y}$$

$$+ i \cdot \lim_{\substack{\Delta x \to 0 \\ \Delta y \to 0}} \frac{q(x+\Delta x, y+\Delta y) - q(x,y)}{\Delta x + i\Delta y} \quad \cdots ①$$

最初に, $\Delta x = 0$ とすると, ①は,

$$\lim_{\Delta y \to 0} \frac{p(x, y+\Delta y) - p(x,y)}{i\Delta y} + i \cdot \lim_{\Delta y \to 0} \frac{q(x, y+\Delta y) - q(x,y)}{i\Delta y}$$

$$= \frac{1}{i} \cdot \frac{\partial p(x,y)}{\partial y} + i \cdot \frac{1}{i} \frac{\partial q(x,y)}{\partial y}$$

$$= -i\frac{\partial p}{\partial y} + \frac{\partial q}{\partial y} \quad \cdots ②$$

次に $\Delta y = 0$ とすると, ①は,

$$\lim_{\Delta x \to 0} \frac{p(x+\Delta x, y) - p(x,y)}{\Delta x} + i \cdot \lim_{\Delta x \to 0} \frac{q(x+\Delta x, y) - q(x,y)}{\Delta x}$$

$$= \frac{\partial p}{\partial x} + i\frac{\partial q}{\partial x} \quad \cdots ③$$

ところで $f(z)$ は, 正則関数 (=微分可能である) なので, ②と③は一致しなければならない. よって,

$$-i\frac{\partial p}{\partial y} + \frac{\partial q}{\partial y} = \frac{\partial p}{\partial x} + i\frac{\partial q}{\partial x}$$

実部と虚部を比べると,

$$\frac{\partial p}{\partial x} = \frac{\partial q}{\partial y}, \quad \frac{\partial q}{\partial x} = -\frac{\partial p}{\partial y}$$

でなければならない. この2つの微分方程式のことを, コーシー-リーマンの式またはコーシー-リーマンの微分方程式とよぶ.

さらに, これらの式をそれぞれ, x, y で偏微分すると,

$$\frac{\partial^2 p}{\partial x^2} = \frac{\partial^2 q}{\partial x \partial y}, \quad \frac{\partial^2 q}{\partial x^2} = -\frac{\partial^2 p}{\partial x \partial y}$$

$$\frac{\partial^2 p}{\partial x \partial y} = \frac{\partial^2 q}{\partial y^2}, \quad \frac{\partial^2 q}{\partial x \partial y} = -\frac{\partial^2 p}{\partial y^2}$$

となる. これより,

$$\frac{\partial^2 p}{\partial x^2} = -\frac{\partial^2 p}{\partial y^2}, \quad \frac{\partial^2 q}{\partial x^2} = -\frac{\partial^2 q}{\partial y^2}$$

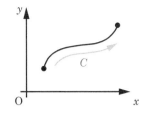

図 8.3 複素平面にある経路 C

となり,

$$\frac{\partial^2 p}{\partial x^2} + \frac{\partial^2 p}{\partial y^2} = 0, \quad \frac{\partial^2 q}{\partial x^2} + \frac{\partial^2 q}{\partial y^2} = 0$$

が得られる. この偏微分方程式はラプラス方程式とよばれ, ポテンシャルを求める際に使われる式である.

8.2 複素関数での積分

8.2.1 積分の書き方

$f(z) = p(x, y) + iq(x, y), z = x + iy$ について, 図 8.3 のように複素平面にある経路 C を考える. この経路に沿って積分をする場合は,

$$\int_C f(z)dz$$

と書く. 積分区間が, 図 8.4 左のように, 2 つに分かれている場合には,

$$\int_C f(z)dz = \int_{C_1} f(z)dz + \int_{C_2} f(z)dz$$

と書き, 図 8.4 右のように一周まわる経路の積分は周回積分といい,

$$\oint_C f(z)dz$$

と書く.

8.2.2 コーシーの積分定理

$f(z)$, $z = x + iy$ の周回積分を考えてみる.

$$\oint_C f(z)dz = \oint_C \{p(x, y) + iq(x, y)\}\, dz$$

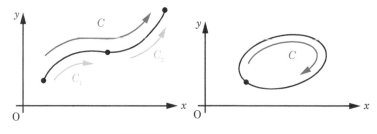

図 8.4　複素積分と周回積分

$$dz = dx + idy$$

なので，dz を代入すると，

$$
\begin{aligned}
\oint_C f(z)dz &= \oint_C \{p(x,y) + iq(x,y)\}(dx+idy) \\
&= \oint_C p(x,y)dx - \oint_C q(x,y)dy + i\oint_C q(x,y)dx + i\oint_C p(x,y)dy \\
&= \oint_C \{p(x,y)dx - q(x,y)dy\} + i\oint_C \{p(x,y)dy + q(x,y)dx\} \\
&\quad\cdots \text{①}
\end{aligned}
$$

ここで，ストークスの定理，

$$\int_C \boldsymbol{A} \cdot d\boldsymbol{l} = \int_S (\nabla \times \boldsymbol{A}) \cdot \boldsymbol{n}dS$$

を用いる．$\boldsymbol{n}=(0, 0, 1)$ は x-y 平面に垂直なベクトルなので，$\boldsymbol{A} = (p, -q, 0)$ とすると適用できて，①の第 1 項は，

$$\oint_C \{p(x,y)dx - q(x,y)dy\} = \int_S (-\frac{\partial q(x,y)}{\partial x} - \frac{\partial p(x,y)}{\partial y})dxdy$$

となる．よって，

$$\oint_C \{p(x,y)dx - q(x,y)dy\} = -\int_S (\frac{\partial q}{\partial x} + \frac{\partial p}{\partial y})dxdy$$

また，①の第 2 項目は，

$$i\oint_C \{p(x,y)dy + q(x,y)dx\} = i\int_S (\frac{\partial p}{\partial x} - \frac{\partial q}{\partial y})dxdy$$

となるので，以上をまとめて，

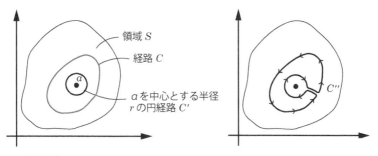

図 8.5 正則領域 S 内の経路 C 内の内部に任意の点 a がある場合

$$\oint_C f(z)dz = -\int_S \left(\frac{\partial q}{\partial x} + \frac{\partial p}{\partial y} \right) dxdy + i\int_S \left(\frac{\partial p}{\partial x} - \frac{\partial q}{\partial y} \right) dxdy$$

となる. コーシー-リーマンの微分方程式は,

$$\frac{\partial p}{\partial x} = \frac{\partial q}{\partial y}, \quad \frac{\partial q}{\partial x} = -\frac{\partial p}{\partial y}$$

なので,

$$\oint_C f(z)dz = 0$$

となる. これをコーシーの積分定理という.

閉曲線ならば, どんな積分経路をとろうとも, $f(z)$ が領域 S 内で正則であり, C 上で連続ならば, ひとまわり積分すると必ず 0 になる.

◈ 8.2.3 コーシーの積分公式

正則領域 S 内の経路 C 内の内部に任意の点 a があるとし (図 8.5 左), 経路 C の内側に, 点 u を中心とする半径 r の小さな円経路 C' をとる. そして, 図 8.5 右のように, 経路 C と経路 C' を結んだ経路 C'' を考える. 正則な複素関数 $\dfrac{f(z)}{z-a}$　$z \neq a$ に対して, C'' が閉曲線なので,

$$\oint_{C''} \frac{f(z)}{z-a} = 0$$

が成立する. ところで経路 C'' において, 経路 C と経路 C' とでは逆まわりになっているので,

$$\oint_{C''} \frac{f(z)}{z-a}dz = \oint_C \frac{f(z)}{z-a}dz - \oint_{C'} \frac{f(z)}{z-a}dz = 0$$

となる. よって,

$$\oint_C \frac{f(z)}{z-a}dz = \oint_{C'} \frac{f(z)}{z-a}dz \quad \cdots ②$$

となる. 経路 C' は点 a を中心とする円なので

$$z - a = re^{i\theta}$$

すなわち

$$z = a + re^{i\theta}$$

と書ける. したがって,

$$\frac{dz}{d\theta} = i\,re^{i\theta}, \quad dz = ire^{i\theta}d\theta$$

なので, ②は,

$$\oint_C \frac{f(z)}{z-a}dz = \int_0^{2\pi} \frac{f(a+re^{i\theta})}{re^{i\theta}}ire^{i\theta}d\theta$$
$$= i\int_0^{2\pi} f(a+re^{i\theta})d\theta$$

となるが, 半径 r は任意なので $r \to 0$ とすると,

$$\oint_C \frac{f(z)}{z-a}dz = i\int_0^{2\pi} f(a)d\theta$$
$$= if(a)\int_0^{2\pi} d\theta = 2\pi if(a)$$

となる. 以上より,

$$f(a) = \frac{1}{2\pi i}\oint_C \frac{f(z)}{z-a}dz$$

となる. ここで, a を z に, z を ζ (ゼータ) に置き換えると,

$$f(z) = \frac{1}{2\pi i}\oint_C \frac{f(\zeta)}{\zeta-z}d\zeta$$

となる. この式をコーシーの積分公式という.
　ところで, この式を微分すると,

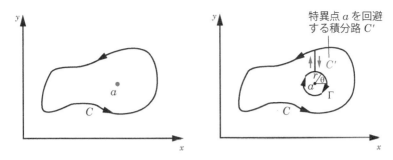

図 8.6 特異点が閉曲線 C の内部になる場合，特異点の回避

$$\frac{df(z)}{dz} = \frac{1}{2\pi i}\frac{d}{dz}\oint_C \frac{f(\zeta)}{\zeta - z}d\zeta = \frac{1}{2\pi i}\oint_C \frac{d}{dz}\frac{1}{\zeta - z}f(\zeta)d\zeta$$
$$= \frac{1}{2\pi i}\oint_C \frac{d}{dz}(\frac{1}{\zeta - z})f(\zeta)d\zeta = \frac{1}{2\pi i}\oint_C \frac{f(\zeta)}{(\zeta - z)^2}d\zeta$$

となる．微分を繰り返すと，n 階の導関数は (ただし，n は任意の自然数)

$$f(z)^{(n)} = \frac{n!}{2\pi i}\oint_C \frac{f(\zeta)}{(\zeta - z)^{n+1}}d\zeta$$

となる．この式をグルサーの公式という．

☐ 8.3 留数

◈ 8.3.1 特異点と留数

関数 $f(z)$ が $z = a$ で正則でないとき，a を $f(z)$ の特異点 (singular point) という．点 a の近傍に他の特異点がない場合，a を孤立特異点という．つまり，a を中心とする十分小さな円をとったとき，その円の内部の a 以外の点において $f(z)$ が正則であることをいう．図 8.6 左のように，ある点 a 以外の領域 D で正則な関数 $\oint_C f(z)dz$ の積分は，どのように求めればよいのであろうか．

点 a を中心として，半径 r の円 Γ(ガンマ) を考えると，図 8.6 右のように，閉曲線 C と円 Γ を組み合わせることで，点 a を回避する積分路 C' を考えることができる．この場合，積分経路内に特異点はないので，$\oint_{C'} f(z)dz = 0$ であり，積分路が $C' = C + (-\Gamma)$ なので，

$$\oint_{C'} f(z)dz = \oint_C f(z)dz - \oint_\Gamma f(z)dz = 0$$

となる. よって,

$$\oint_C f(z)dz = \oint_\Gamma f(z)dz \quad \cdots ①$$

さて, 積分路 Γ についてみてみよう. Γ は点 a を中心とする半径 r の円の方程式なので, $z - a = re^{i\theta}$, すなわち

$$z = a + re^{i\theta} \quad \cdots ②$$

である. したがって,

$$\frac{dz}{d\theta} = i\,re^{i\theta}, \quad dz = ire^{i\theta}d\theta \quad \cdots ③$$

となる. ①に, ②と③を代入すると,

$$\oint_C f(z)dz = \int_0^{2\pi} f(a + re^{i\theta}) \cdot ire^{i\theta}d\theta$$
$$= i\int_0^{2\pi} f(a + re^{i\theta})(z - a)d\theta$$

ここで $r \to 0$ とすると,

$$\oint_C f(z)dz = i\int_0^{2\pi} f(a)(z - a)d\theta$$

と書ける. さらに, $\lim_{z \to a}(f(z)(z - a)) = A$ とすると,

$$\oint_C f(z)dz = i\int_0^{2\pi} Ad\theta = 2\pi i \cdot A \quad \cdots ④$$

この A のことを留数(redisue)といい, Res $[f, a]$, Res $f(a)$ などと書く. このような方法を用いることで, 周回積分を留数を用いて計算することができる. ④より,

$$\oint_C f(z)dz = 2\pi i \lim_{z \to a}(f(z)(z - a))$$
$$= 2\pi i \mathrm{Res} f(a)$$

と書ける. また, 領域内に複数の特異点 $(A_k(1 \le k \le n))$ がある場合には,

$$\oint_C f(z)dz = 2\pi i \sum_{k=1}^n A_k \quad \cdots ⑤$$

と書ける. ⑤を留数定理 (residue theorem) という.

ここまで, 1 つの特異点について扱ってきたので, 1 位の極 (pole) を扱ってきたというわけである. 続けて, 2 位の極をもつ関数の複素積分をみてみよう. 複素関数 $f(z)$ が, ある一点 a を除いて正則であるとする. 複素関数 $f(z)$ が, 点 a で 0 でも ∞ でもない正則な複素関数 $f_2(z)$ を用いて,

$$f(z) = \frac{f_2(z)}{(z-a)^2}, \quad f_2(a) \neq 0, \infty$$

と表されるとき,

$$\oint_C f(z)dz = 2\pi i f_2'(a) \quad \cdots ⑥$$

が成立する. このことを証明する.

$f_2(z)$ をテイラー展開すると,

$$f_2(z) = f_2(a) + \frac{f_2'(a)}{1!}(z-a) + \frac{f^{(2)}(a)}{2!}(z-a)^2 + \cdots$$

と書ける. 上式の第 3 項以降を,

$$(z-a)^2 g(z) = \frac{f^{(2)}(a)}{2!}(z-a)^2 + \cdots$$

とおくと, $g(z)$ は正則な関数である.

そうすると, ⑥は,

$$\oint_C f(z)dz = \oint_C \frac{f_2(a)}{(z-a)^2}dz + \oint_C \frac{f_2'(a)}{(z-a)}dz + \oint_C g(z)dz \quad \cdots ⑦$$

と書ける. この式の第 3 項はコーシーの積分定理 $\oint_C f(z)dz = 0$ より 0, また, 第 1 項は原始関数 $\dfrac{-f_2(a)}{z-a}$ をもつから 0 となる. 第 2 項は, コーシー積分公式 $f(a) = \dfrac{1}{2\pi i}\oint_C \dfrac{f(z)}{z-a}dz$ を用いて,

$$\frac{1}{2\pi i}\oint_C \frac{f(z)}{z-a}dz = \frac{1}{2\pi i}\oint_C \frac{f_2'(a)}{(z-a)}dz = f_2'(a)$$

となるので, 上式の 2 番目の項と 3 番目の項に, $2\pi i$ を掛けて,

$$\oint_C \frac{f_2'(a)}{(z-a)}dz = 2\pi i \cdot f_2'(a)$$

これらの結果を，⑦に代入すると，

$$\oint_C f(z)dz = 0 + \oint_C \frac{f_2'(a)}{(z-a)}dz + 0 = 2\pi i \cdot f_2'(a)$$

$$\therefore \quad \oint_C f(z)dz = 2\pi i f_2'(a)$$

となる．よって，証明終了.

$f_2'(a)$ を，2 位の極をもつ関数 $f(z)$ の点 a における留数といい，$\mathrm{Res}(f(a))$ と書く.

m 位の極をもつ場合は，

$$\mathrm{Res}(f(a)) = \frac{1}{(m-1)!} \lim_{z \to a} \frac{d^{m-1}}{dz^{m-1}} \{(z-a)^m f(z)\}$$

❖ 8.3.2 ローラン展開

領域 D で正則な関数 $f(z)$ は，コーシーの積分定理より，任意の積分路 C で，

$$f(z) = \frac{1}{2\pi i} \oint_C \frac{f(\zeta)}{\zeta - z}d\zeta$$

と書ける．ここで，閉曲線 C の内部の点 a について，

$$f(z) = \frac{1}{2\pi i} \oint_C \frac{f(\zeta)}{\zeta - z}d\zeta = \frac{1}{2\pi i} \oint_C \frac{f(\zeta)}{(\zeta - a) - (z - a)}d\zeta$$

$$= \frac{1}{2\pi i} \oint_C \frac{f(\zeta)}{\zeta - a} \cdot \frac{1}{1 - \frac{z-a}{\zeta-a}}d\zeta$$

$\frac{z-a}{\zeta-a} = \gamma$ とおくと，$|\gamma| < 1$ なので，

$$1 + \gamma + \gamma^2 + \cdots + \gamma^n + \cdots = \sum_{k=0}^{\infty} \gamma^k = \frac{1}{1-\gamma} = \frac{1}{1 - \frac{z-a}{\zeta-a}}$$

となる．よって，

$$f(z) = \frac{1}{2\pi i} \oint_C \frac{f(\zeta)}{\zeta - z}d\zeta = \frac{1}{2\pi i} \oint_C \frac{f(\zeta)}{\zeta - a} \cdot \sum_{k=0}^{\infty} (\frac{z-a}{\zeta-a})^k d\zeta$$

$$= \frac{1}{2\pi i} \oint_C \left\{ \sum_{k=0}^{\infty} (z-a)^k \cdot \frac{f(\zeta)}{(\zeta - a)^{k+1}} \right\} \cdot d\zeta$$

$$= \frac{1}{2\pi i} \sum_{k=0}^{\infty} \left\{ (z-a)^k \cdot \oint_C \frac{f(\zeta)}{(\zeta - a)^{k+1}}d\zeta \right\}$$

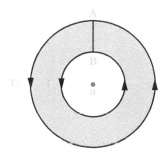

$$= \sum_{k=0}^{\infty} \left\{ (z-a)^k \cdot \frac{1}{2\pi i} \oint_C \frac{f(\zeta)}{(\zeta-a)^{k+1}} d\zeta \right\}$$

ここでグルサーの公式

$$f(z)^{(n)} = \frac{n!}{2\pi i} \oint_C \frac{f(\zeta)}{(\zeta-z)^{n+1}} d\zeta$$

を使って,

$$f(z) = \sum_{k=0}^{\infty} \frac{1}{k!} f^{(k)}(a)(z-a)^k$$
$$= f(a) + \frac{f^{(1)}(a)}{1!}(z-a) + \frac{f^{(2)}(a)}{2!}(z-a)^2 + \cdots + \frac{f^{(n)}(a)}{n!}(z-a)^n + \cdots$$

と, テイラー展開ができることがわかる. また, $a=0$ のときを, マクローリン展開とよぶ.

それでは, 特異点のまわりではどのように展開すればよいのであろうか. 図 8.7 のように, 領域 D で点 a 以外で正則な関数 $f(z)$ について, 積分路 $A\to\Gamma_2\to A\to B\to -\Gamma_1\to B\to A$ を考える場合, $f(z)$ はこの閉曲線で囲まれた部分では正則なので,

$$f(z) = \frac{1}{2\pi i} \oint_{\Gamma_2} \frac{f(\zeta)}{\zeta-z} d\zeta - \frac{1}{2\pi i} \oint_{\Gamma_1} \frac{f(\zeta)}{\zeta-z} d\zeta \quad \cdots \circledⓈ$$

となる. Γ_2 の上に ζ があるとすると, $|\zeta| \geqq |z|$ なので,

$$\frac{1}{\zeta-z} = \frac{1}{(\zeta-a)-(z-a)} = \frac{1}{\zeta-a}\left(\frac{1}{1-\frac{z-a}{\zeta-a}}\right)$$
$$= \frac{1}{\zeta-a} \sum_{k=0}^{\infty} \left(\frac{z-a}{\zeta-a}\right)^k = \sum_{k=0}^{\infty} \frac{(z-a)^k}{(\zeta-a)^{k+1}}$$

となる．同様に，Γ_1 の上に ζ があるとすると，$|\zeta| \leqq |z|$ なので，

$$-\frac{1}{\zeta - z} = \frac{-1}{(\zeta - a) - (z - a)} = \frac{1}{(z - a) - (\zeta - a)} = \frac{1}{z - a}\left(\frac{1}{1 - \frac{\zeta - a}{z - a}}\right)$$

$$= \frac{1}{z - a}\sum_{k=0}^{\infty}\left(\frac{\zeta - a}{z - a}\right)^k = \sum_{k=0}^{\infty}\frac{(\zeta - a)^k}{(z - a)^{k+1}}$$

よって，④は，

$$f(z) = \frac{1}{2\pi i}\sum_{k=0}^{\infty}\left\{(z - a)^k \cdot \oint_{\Gamma_2}\frac{f(\zeta)}{(\zeta - a)^{k+1}}d\zeta\right\}$$

$$+ \frac{1}{2\pi i}\sum_{k=0}^{\infty}\left\{(z - a)^{-(k+1)} \cdot \oint_{\Gamma_1}f(\zeta)(\zeta - a)^k d\zeta\right\}$$

と書ける．ここで，$k \geqq 0$ に対して，

$$c_k = \frac{1}{2\pi i}\oint_{\Gamma_2}\frac{f(\zeta)}{(\zeta - a)^{k+1}}d\zeta$$

また $k \geqq 1$ に対して，

$$c_{-k} = \frac{1}{2\pi i}\oint_{\Gamma_1}f(\zeta)(\zeta - a)^{k-1}d\zeta$$

とおき，k の代わりに n を用いると，

$$f(z) = \sum_{n=0}^{\infty}c_n(z - a)^n + \sum_{n=1}^{\infty}c_{-n}(z - a)^{-n}$$

と書ける．右辺の第2項目は，特異点を内部にもつときに現れる項で**主要部**という．ここで，2つの項をまとめて表現すると，

$$c_n = \frac{1}{2\pi i}\oint_{\Gamma}\frac{f(\zeta)}{(\zeta - a)^{n+1}}d\zeta \quad (n = 0, \pm1, \pm2, \cdots)$$

よって，

$$f(z) = \sum_{n=-\infty}^{\infty}c_n(z - a)^n$$

と書ける．これを**ローラン展開**という．

ここで，留数と比較してみよう．c_{-1} の場合は，

$$c_{-1} = \frac{1}{2\pi i} \oint_\Gamma \frac{f(\zeta)}{(\zeta - a)^{-1+1}} d\zeta = \frac{1}{2\pi i} \oint_\Gamma f(\zeta) d\zeta$$

となり,

$$\oint_\Gamma f(\zeta) d\zeta = 2\pi i c_{-1} = 2\pi i \mathrm{Res}(f(a))$$

となることが確認できる.

□ 8.4 実積分への複素積分

◆ 8.4.1 留数定理の応用

複素積分を用いると,実数だけに限っていては困難だった定積分を容易に実行できることがある.例えば,

$$I = \int_{-\infty}^{\infty} \frac{1}{1+x^2} dx = \pi$$

を求める場合,置換積分を用いて $x = \tan\theta$ とおいても計算できるが,留数を用いて計算してみる.

$$I = \int_{-\infty}^{\infty} \frac{1}{1+x^2} dx = \lim_{r \to \infty} \int_{-r}^{r} \frac{1}{1+x^2} dx$$

として,複素積分

$$\oint_C \frac{1}{1+z^2} dz$$

を考える.ここで $f(z) = \frac{1}{1+z^2}$ とおくと,$\frac{1}{1+z^2} = \frac{1}{(z+i)(z-i)}$ より,被積分関数は,i と $-i$ で特異点をもつ.つまり,$z = \pm i$ で 1 位の極をもち,それ以外の点では正則である.$-\infty$ から $+\infty$ にまで定積分を計算したい場合,図 8.8 のように実軸と半径無限の半円からなる閉曲線を積分経路 C に選ぶ.すると積分は

$$\oint_C \frac{1}{1+z^2} dz = \int_{-r}^{r} \frac{1}{1+z^2} dz + \int_{半円} \frac{1}{1+z^2} dz$$

となる.ここで先に,左辺の積分を行う.留数の定理を用いると,

$$\mathrm{Res}\left[\frac{1}{1+z^2}, i\right] = \lim_{z \to i}(z-i) \cdot f(z) = \lim_{z \to i}(z-i) \cdot \frac{1}{1+z^2}$$

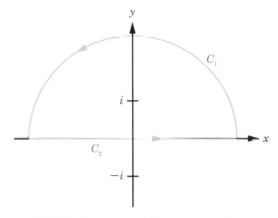

図 8.8　積分経路が実軸と半径無限の半円

$$= \lim_{z \to i}(z - i) \cdot \frac{1}{(z + i)(z - i)} = \lim_{z \to i}\frac{1}{(z + i)} = \frac{1}{2i}$$

したがって，一周線積分の値は，

$$\oint_C \frac{1}{1 + z^2}dz = 2\pi i \cdot \mathrm{Res}\left[\frac{1}{1 + z^2}, i\right] = 2\pi i \frac{1}{2i} = \pi$$

続いて，右辺の積分を求める．第 1 項は，実直線上での積分なので，

$$\int_{-r}^{r} \frac{1}{1 + z^2}dz + \int_{\text{半円}} \frac{1}{1 + z^2}dz = \int_{-r}^{r} \frac{1}{1 + x^2}dx + \int_{\text{半円}} \frac{1}{1 + z^2}dz$$

となる．第 2 項は，$z = re^{i\theta}$ とおくと，$dz = ire^{i\theta}d\theta$ なので，

$$\int_{\text{半円}} \frac{1}{1 + z^2}dz = \int_{0}^{\pi} \frac{1}{1 + r^2 e^{2i\theta}}ire^{i\theta}d\theta = \int_{0}^{\pi} \frac{ie^{i\theta}}{\frac{1}{r} + re^{2i\theta}}d\theta$$

ところで，求める積分は $\int_{-\infty}^{\infty}$ なので

$$\lim_{r \to \infty}\int_{0}^{\pi} \frac{ie^{i\theta}}{\frac{1}{r} + re^{2i\theta}}d\theta = 0$$

より，求める実積分の値は，

$$\int_{-\infty}^{\infty} \frac{1}{1 + x^2}dx = \lim_{r \to \infty}\int_{-r}^{r} \frac{1}{1 + x^2}dx = \pi$$

と計算できる．

問題3　次の定積分を計算せよ.

$$I = \int_{-\infty}^{\infty} \frac{1}{(1+x^2)^2} dx$$

解答　図 8.8 と同じ積分経路を考える.

$$f(z) = \frac{1}{(1+z^2)^2}$$

とおくと,

$$\frac{1}{(1+z^2)^2} = \frac{1}{\{(z+i)(z-i)\}^2} = \frac{1}{(z+i)^2(z-i)^2}$$

となり, 被積分関数は, $z = \pm i$ で 2 位の極をもち, それ以外の点では正則である. ∞ から $+\infty$ にまで定積分を計算したい場合, 図 8.8 のように実軸と半径無限の半円からなる閉曲線を積分経路 C に選ぶ.

$$\oint_C \frac{1}{(1+z^2)^2} dz = \int_{-r}^{r} \frac{1}{(1+z^2)^2} dz + \int_{半円} \frac{1}{(1+z^2)^2} dz$$

となる. ここで, 先に, 左辺の積分を行う. 留数の定理を用いると, m 位の場合は,

$$\mathrm{Res}\,[f, a] = \frac{1}{(m-1)!} \lim_{z \to a} \frac{d^{m-1}}{dz^{m-1}} \{(z-a)^m f(z)\}$$

なので, 2 位の場合は,

$$\mathrm{Res}\,[f, a] = \lim_{z \to a} \frac{d}{dz} \{(z-a)^2 f(z)\}$$

となり,

$$\begin{aligned}
\mathrm{Res}\,[f, i] &= \lim_{z \to i} \frac{d}{dz} \left\{ (z-i)^2 \frac{1}{(1+z^2)^2} \right\} \\
&= \lim_{z \to i} \frac{d}{dz} \left\{ (z-i)^2 \frac{1}{(z+i)^2(z-i)^2} \right\} \\
&= \lim_{z \to i} \frac{d}{dz} \left\{ \frac{1}{(z+i)^2} \right\} \\
&= -\lim_{z \to i} \frac{2}{(z+i)^3} = -\frac{2}{(2i)^3} = -\frac{1}{4i^3} = \frac{1}{4i}
\end{aligned}$$

$$\oint_C \frac{1}{(1+z^2)^2}dz = \oint_C \frac{1}{(z+i)^2(z-i)^2}dz = 2\pi i \cdot \frac{1}{4i} = \frac{\pi}{2}$$

続いて，右辺の積分を求める．第 1 項は，実直線上での積分なので，

$$\int_{-r}^{r} \frac{1}{(1+z^2)^2}dz + \int_{\text{半円}} \frac{1}{(1+z^2)^2}dz = \int_{-r}^{r} \frac{1}{(1+x^2)^2}dx + \int_{\text{半円}} \frac{1}{(1+z^2)^2}dz$$

第 2 項は 0 なので，以上から，求める実積分は，

$$\int_{-\infty}^{\infty} \frac{1}{(1+x^2)^2}dx = \frac{\pi}{2} \quad \blacksquare$$

◆ 8.4.2 三角関数を含む式への応用

$\sin\theta$ や $\cos\theta$ を含むような関数を $0 \leqq \theta \leqq 2\pi$ で積分するときに，複素積分を使うと簡単に計算できるようになる．次の問題をみてみよう．

$$\int_0^{2\pi} f(\sin\theta, \cos\theta)d\theta$$

まず，$\sin\theta$, $\cos\theta$ をオイラーの公式 $e^{i\theta} = \cos\theta + i\sin\theta$ を活用して，

$$\cos\theta = \frac{e^{i\theta} + e^{-i\theta}}{2}, \quad \sin\theta = \frac{e^{i\theta} - e^{-i\theta}}{2i}$$

と書き直し，ここで $z = e^{i\theta}$ とおいてみよう．このとき $e^{-i\theta} = 1/z$ なので，

$$\cos\theta = \frac{1}{2}(z + \frac{1}{z}), \quad \sin\theta = \frac{1}{2i}(z - \frac{1}{z})$$

と書ける．積分変数は，

$$dz = ie^{i\theta}d\theta$$

なので，

$$d\theta = \frac{1}{ie^{i\theta}}dz = \frac{1}{iz}dz = -i\frac{1}{z}dz$$

となる．つまり，$\sin, \cos$ を変数とする積分はすべて z だけの関数で単位円上を一周する積分に直すことができる．

問題 4 次の実三角関数の積分を，複素関数の一周線積分に変換して計算せよ．

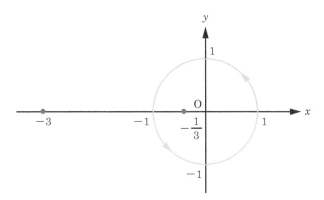

図 8.9 問題 4 解答

$$\int_0^{2\pi} \frac{1}{5 + 3\cos\theta} d\theta$$

解答 一般に，$z = e^{i\theta}(0 \leqq \theta \leqq 2\pi)$ とおくと，z は単位円の上を動き，$\cos\theta = \frac{1}{2}(z + \frac{1}{z})$，$d\theta = \frac{1}{iz}dz$ より，

$$\int_0^{2\pi} \frac{1}{5 + 3\cos\theta} d\theta$$
$$= \oint_C \frac{1}{5 + 3 \cdot \frac{1}{2}(z + \frac{1}{z})} \cdot \frac{1}{iz} dz = \oint_C \frac{1}{i} \cdot \frac{1}{z(5 + 3 \cdot \frac{1}{2}(z + \frac{1}{z}))} dz$$
$$= \oint_C \frac{2}{i} \cdot \frac{1}{z(10 + 3(z + \frac{1}{z}))} dz = \frac{2}{i} \oint_C \frac{1}{10z + 3z^2 + 3} dz$$
$$= \frac{2}{i} \oint_C \frac{1}{3z^2 + 10z + 3} dz = \frac{2}{i} \oint_C \frac{1}{(3z + 1)(z + 3)} dz$$

ここで，$f_1(z) = \dfrac{1}{(3z + 1)(z + 3)}$ とおくと，単位円の中の極は 1 つで，特異点は $z = -\frac{1}{3}$ のみである．よって留数定理より，Res は，

$$\mathrm{Res}\left[f_1, -\frac{1}{3}\right] = \lim_{z \to -\frac{1}{3}} (z + \frac{1}{3}) f_1(z)$$
$$= \lim_{z \to -\frac{1}{3}} (z + \frac{1}{3}) \frac{1}{(3z + 1)(z + 3)} = \lim_{z \to -\frac{1}{3}} \frac{1}{3(z + 3)} = \frac{1}{8}$$

となる．以上から，求める積分の値は，

$$\int_0^{2\pi} \frac{1}{5 + 3\cos\theta} d\theta = \oint_C f_1(z) dz$$

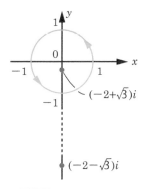

図 8.10 問題 5 解答

$$= 2\pi i \cdot \operatorname{Res} \cdot \frac{2}{i} = 2\pi i \cdot \frac{1}{8} \cdot \frac{2}{i}$$
$$= \frac{\pi}{2} \quad \blacksquare$$

問題 5 次の実三角関数の積分を，複素関数の一周線積分に変換して計算せよ．

$$\int_0^{2\pi} \frac{1}{2 + \sin\theta} d\theta$$

解答 $z = e^{i\theta}(0 \leq \theta \leq 2\pi)$ とおくと，z は単位円の上を動き，$\sin\theta = \frac{1}{2i}(z - \frac{1}{z})$, $d\theta = \frac{1}{iz}dz$ より，

$$\int_0^{2\pi} \frac{1}{2 + \sin\theta} d\theta = \oint_C \frac{1}{2 + \frac{1}{2i}(z - \frac{1}{z})} \cdot \frac{1}{iz} dz = \oint_C \frac{1}{\left\{2 + \frac{1}{2i}(z - \frac{1}{z})\right\}iz} dz$$
$$= \oint_C \frac{2}{\left\{4i + (z - \frac{1}{z})\right\}z} dz = \oint_C \frac{2}{z^2 + 4iz - 1} dz$$

ところで，$z^2 + 4iz - 1 = 0$ より，

$$z = -2i \pm \sqrt{(2i)^2 + 1} = -2i \pm \sqrt{3}i = (-2 \pm \sqrt{3})i$$

ここで，

$$f_1(z) = \frac{2}{\left\{ z - (-2 + \sqrt{3})i \right\} \left\{ z - (-2 - \sqrt{3})i \right\}}$$

とおくと，単位円の中の極は 1 つで，特異点は $z = (-2 + \sqrt{3})i$ のみである．よって留数定理より，Res は，

$$\mathrm{Res}\left[f_1, (-2 + \sqrt{3})i \right] = \lim_{z \to (-2+\sqrt{3})i} \left\{ z - (-2 + \sqrt{3})i \right\} f_1(z)$$

$$= \lim_{z \to (-2+\sqrt{3})i} \left\{ z - (-2 + \sqrt{3})i \right\} \frac{2}{\left\{ z - (-2 + \sqrt{3})i \right\} \left\{ z - (-2 - \sqrt{3})i \right\}}$$

$$= \lim_{z \to (-2+\sqrt{3})i} \frac{2}{z - (-2 - \sqrt{3})i} = \frac{2}{2\sqrt{3}i} = \frac{1}{\sqrt{3}i}$$

となる．以上から，求める積分の値は，

$$\int_0^{2\pi} \frac{1}{2 + \sin\theta} d\theta - \oint_C f_1(z)dz$$

$$= 2\pi i \cdot \mathrm{Res} = 2\pi i \cdot \frac{1}{\sqrt{3}i}$$

$$= \frac{2}{\sqrt{3}}\pi \quad \blacksquare$$

第 9 章

解析力学

解析力学は，ニュートンの方程式で解くには扱いにくい問題を，もう少し平易に扱える方法はないかとして生み出されたものである．ニュートンの方程式は，基本的には直交座標系で考えられる場合が多いが，これを抽象化することで，より多くの現象が説明されるとともに，より美しい形に体系化されることになった．

□ 9.1 変分法と汎関数

変分とは，関数そのものを変化させたときの停留値を求めることである．汎関数とは，関数を変数とする関数のことである．

図 9.1 のように，平面上に曲線 $y = f(x)$ があるとき，$x = a$ から $x = b$ までの間のこの曲線の長さ L は，

$$ds = \sqrt{(dx)^2 + (dy)^2} = \sqrt{1 + (\frac{dy}{dx})^2} dx$$
$$= \sqrt{1 + (y')^2} dx$$

を，区間 (a, b) で積分した

$$L = \int_a^b \sqrt{1 + (y')^2} dx$$

で与えられる．

たとえば，この曲線に沿って，線密度が σ のくさりがあるとき，y を鉛直上向きとして，このくさりがもつ重力による位置エネルギー U は，

$$U = \int_a^b \sigma g y ds$$

$$= \sigma g \int_a^b y \sqrt{1 + (y')^2} dx$$

となる。この例では、被積分関数は、y と y' であるが、x を含む場合が多い。x と y と y' の関数 $F(x, y, y')$ を x のある区間、例えば区間 (a, b) で積分すると、

$$I = \int_a^b F(x, y, y') dx$$

が得られる。I は、$y = f(x)$ がどのような関数であったかによって異なる。I は、いろいろな関数 $y = f(x)$ の集まりの関数、いわば関数を変数とする関数といえる。このような関数を汎関数といい、$I[f(x)]$ または $I[y]$ と表記する。

関数 $y = f(x)$ が極大値または極小値 (停留値) をとるとき、停留値の付近で x を dx だけ変化させても、対応する y の変化 $dy = \frac{dy}{dx} dx$ は 0 である。同様に汎関数 $I[y]$ が停留値をとるような $y = f_m(x)$ がみつかったとき、$I[f_m(x)]$ と、この $f_m(x)$ からほんの少しだけずれた関数 $f(x)$ で計算した $I[f(x)]$ との差、すなわち I の変分 δI は 0 なので、

$$\delta I = I[f(x)] - I[f_m(x)] = 0$$

と書ける。

汎関数 $I[y]$ が停留値をとるような関数を求める方法を変分法という。

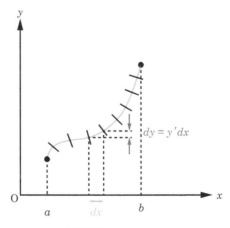

図 9.1　曲線の長さ

□ **9.2** オイラーの方程式

汎関数 $I = \int_a^b F(x, y, y')dx$ が停留値をとる関数を $y = f_m(x)$ とし，$y' = f'_m(x)$ とすると，

$$I[f_m] = \int_a^b F(x, y, y')dx$$

と書ける．$f_m(x)$ とわずかに異なる $f(x)(= f_m(x) + \delta y)$ を使って求めた y と y'，つまり $f(x)$ と $f'(x)$ をそれぞれ $y + \delta y$ と $y' + \delta y'$ とすると，

$$I[f] = \int_a^b F(x, y + \delta y, y + \delta y')dx$$

となる．変分 δI は，

$$
\begin{aligned}
\delta I &= I[f] - I[f_m] \\
&= \int_a^b F(x, y + \delta y, y' + \delta y')dx - \int_a^b F(x, y, y')dx \\
&= \int_a^b \left\{ F(x, y + \delta y, y' + \delta y') - F(x, y, y') \right\} dx
\end{aligned}
$$

となる．ここで，3 変数 x と y と y' の関数である $F(x, y, y')$ について，δy と $\delta y'$ が微小なら，

$$F(x, y + \delta y, y' + \delta y') = F(x, y, y') + \frac{\partial F}{\partial y}\delta y + \frac{\partial F}{\partial y'}\delta y'$$

なので，

$$\delta I = \int_a^b \left(\frac{\partial F}{\partial y}\delta y + \frac{\partial F}{\partial y'}\delta y' \right)dx \quad \cdots ①$$

$f(x) = f_m(x) + \delta y$，すなわち $\delta y = f(x) - f_m(x)$ ついて，δy と $\delta y'$ の関係を求めると，

$$\delta y' = f'(x) - f'_m(x) = \frac{d}{dx}\left\{ f(x) - f_m(x) \right\} = \frac{d}{dx}\delta y \quad \cdots ②$$

なので，①の右辺の第 2 項を取り出し，これに②を代入すると，

$$\int_a^b \frac{\partial F}{\partial y'}\delta y' dx = \int_a^b \frac{\partial F}{\partial y'}\left(\frac{d}{dx}\delta y \right)dx$$

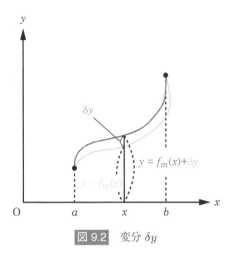

図 9.2 変分 δy

この式に部分積分を適用すると，

$$\int_a^b \frac{\partial F}{\partial y'}(\frac{d}{dx}\delta y)dx = \left[\frac{\partial F}{\partial y'}\delta y\right]_a^b - \int_a^b \frac{d}{dx}(\frac{\partial F}{\partial y'})\delta y dx$$

となる．δy の取り方は任意でよいが，両端 $x = a$ と $x = b$ では，f と f_m が一致する必要があるので，

$$\left[\frac{\partial F}{\partial y'}\delta y\right]_a^b = 0$$

である．①に，これらの結果をすべて代入すると，

$$\delta I = \int_a^b (\frac{\partial F}{\partial y}\delta y + \frac{\partial F}{\partial y'}\delta y')dx = \int_a^b \left(\frac{\partial F}{\partial y} - \frac{d}{dx}\left(\frac{\partial F}{\partial y'}\right)\right)\delta y dx$$

となる．ところで，δy は任意なので $\delta I = 0$ となるためには，$y = f_m(x)$ が区間 (a, b) のすべての x で，

$$\frac{d}{dx}(\frac{\partial F}{\partial y'}) - \frac{\partial F}{\partial y} = 0$$

を満たさなければならない．この関係式をオイラーの方程式という．

問題1 xy 平面上の 2 点 A, B を結ぶ曲線のうち，長さが最小になるものを求めよ．

解答　$x = a$ から $x = b$ までの間のこの曲線の長さ L は,

$$ds = \sqrt{(dx)^2 + (dy)^2} = \sqrt{1 + (\frac{dy}{dx})^2}dx = \sqrt{1 + (y')^2}dx$$

を区間 $(a,\ b)$ で積分した

$$L = \int_a^b \sqrt{1 + (y')^2}dx$$

なので,

$$F(x, y, y') = \sqrt{1 + (y')^2}$$

である. よって

$$\frac{\partial F}{\partial y} = 0, \quad \frac{\partial F}{\partial y'} = \frac{y'}{\sqrt{1 + (y')^2}}$$

これらをオイラーの方程式 $\frac{d}{dx}(\frac{\partial F}{\partial y'}) - \frac{\partial F}{\partial y} = 0$ に代入すると,

$$\frac{d}{dx}\frac{y'}{\sqrt{1 + (y')^2}} = 0$$

となるので,

$$\frac{y'}{\sqrt{1 + (y')^2}} = 定数, \quad \therefore \quad y' = 一定$$

となる. したがって, $y = f_m(x)$ は x の 1 次関数, つまり, 答えは直線となる. ∎

問題2　フェルマーの原理によると, 光が屈折率の変化する媒質中を伝わるとき, 所要時間が最も短い経路を通る. そのときの条件を求めよ.

解答　図 9.3 のように, 最短時間をとる経路を APB とする. 空気中での光速を c, 水中での光速を v とすると, APB を通過するのに要する時間 T は,

$$T = \frac{s_1}{c} + \frac{s_2}{v}$$

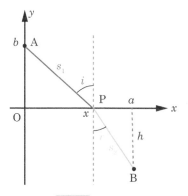

図9.3 問題2

$$= \frac{\sqrt{b^2 + x^2}}{c} + \frac{\sqrt{h^2 + (a-x)^2}}{v}$$

となる。2点A, Bは決まっているので，b, h, aは定数と考えてよい。空気中と水中の経路は直線であることは自明なので，問題は点Pの位置を求めることになる。Tが最小となるには，$\dfrac{dT}{dx} = 0$となるxを求めればよい。

$$\begin{aligned} \frac{dT}{dx} &= \frac{x}{cs_1} - \frac{a-x}{vs_2} \\ &= \frac{\sin i}{c} - \frac{\sin r}{v} \\ &= 0 \end{aligned}$$

となるので，

$$x = \frac{cas_1}{cs_1 + vs_2} \quad \text{あるいは} \quad \frac{\sin i}{\sin r} = \frac{c}{v}$$

が成立する。これがスネルの法則である。なお，$n = \dfrac{c}{v}$を屈折率といい，$\dfrac{\sin i}{\sin r} = n$より，$\sin i = n \sin r$と書くこともできる。■

問題3 最速降下線 (brachistochrone)(1696年にベルヌーイが提案)を求めよ。具体的には，高い点$A(x_1, y_1)$から低い点$B(x_2, y_2)$に向かって，質点が初速ゼロでなめらかな曲線上を滑り落ちるとき，経過時間Tが最小となる曲線を求めることである。

 解答 図9.4のように，点Aを原点とし，鉛直下向きにx軸，水平方

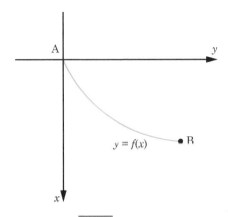

図 9.4 問題 3

向右向きに y 軸をとる. x だけ下がった点で質点がもつ速さは, $\sqrt{2gx}$ なので, 微小な長さ ds をすべるのに要する時間 dt は,

$$dt = \frac{ds}{\sqrt{2gx}}$$

となる. ところで, ds は,

$$ds = \sqrt{dx^2 + dy^2} = \sqrt{1 + y'^2}dx$$

なので,

$$dt = \frac{ds}{\sqrt{2gx}} = \sqrt{\frac{1 + y'^2}{2gx}}dx$$

となる. したがって,

$$I = \int_{\mathrm{A}}^{\mathrm{B}} \sqrt{\frac{1 + y'^2}{2gx}}dx$$

を最小にする $y = f(x)$ を求めればよいので,

$$F = \sqrt{\frac{1 + y'^2}{x}}$$

として, オイラーの方程式 $\frac{d}{dx}\left(\frac{\partial F}{\partial y'}\right) - \frac{\partial F}{\partial y} = 0$ を用いると,

$$\frac{d}{dx}\sqrt{\frac{y'^2}{x(1 + y'^2)}} = 0$$

$$\therefore \quad \frac{y'^2}{x(1 + y'^2)} = \text{一定}$$

ここで，一定の定数を $\frac{1}{2a}$ とおくと，

$$\frac{y'^2}{x(1 + y'^2)} = \frac{1}{2a} \quad \rightarrow \quad 2ay'^2 = x(1 + y'^2)$$

$$2ay'^2 - x + xy'^2 \quad \rightarrow \quad (2a - x)y'^2 = x$$

$$\therefore \quad y' = \frac{dy}{dx} = \sqrt{\frac{x}{2a - x}}$$

となる．この曲線はサイクロイドである．■

> 補足 原点を通って，y 軸に沿って転がる半径 a の円周上の1点が描くサイクロイドは，回転角を θ とすると，

$$x = a(1 - \cos\theta), \quad y = a(\theta - \sin\theta)$$

となる．これより，

$$\frac{dx}{d\theta} = a\sin\theta, \quad \frac{dy}{d\theta} = a(1 - \cos\theta)$$

なので，

$$\frac{dy}{dx} = \frac{\dfrac{dy}{d\theta}}{\dfrac{dx}{d\theta}} = \frac{1 - \cos\theta}{\sin\theta}$$

この式を x で表すと，

$$\frac{dy}{dx} = \sqrt{\frac{x}{2a - x}}$$

となり，サイクロイドであることが確認できる．

□ 9.3 ラグランジュの運動方程式とハミルトンの原理

　質量 m の質点に外力が作用し，x 軸に沿って点 A から点 B に移動したとする．時刻 t における運動エネルギーを T としたとき，これより少しずれた

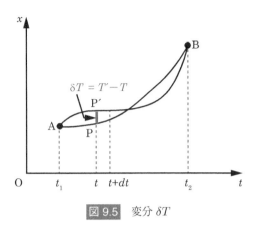

図 9.5 変分 δT

運動エネルギー T' を考えると，その変分 δT は，

$$\delta T = T' - T = \delta(\frac{1}{2}mv^2) = mv\delta v$$
$$= mv\delta(\frac{dx}{dt}) = mv\frac{d}{dt}(\delta x)$$

である．これを，$A(t_1)$ から $B(t_2)$ まで時間で積分すると，

$$\int_{t_1}^{t_2} \delta T = \int_{t_1}^{t_2} mv\frac{d}{dt}(\delta x)dt$$

これを部分積分すると，

$$\int_{t_1}^{t_2} mv\frac{d}{dt}(\delta x)dt = [mv\delta x]_{t_1}^{t_2} - \int_{t_1}^{t_2} m\frac{dv}{dt}(\delta x)dt \quad \cdots ①$$

となる．点 A, B では $\delta x = 0$ なので，①の右辺の第 1 項は 0 となり

$$\int_{t_1}^{t_2} \delta T dt = -\int_{t_1}^{t_2} m\frac{dv}{dt}\delta x dt \quad \cdots ②$$

$m\dfrac{dv}{dt} = m\dfrac{d^2x}{dt^2}$ より，力 F は保存力を扱う場合，ポテンシャルエネルギー U を用いて，

$$F = m\frac{d^2x}{dt^2} = -\frac{\partial U}{\partial x}$$

と書け，また，$\delta U = \frac{\partial U}{\partial x}\delta x$ なので，②は，

$$\int_{t_1}^{t_2} \delta T dt = -\int_{t_1}^{t_2} m\frac{dv}{dt}\delta x dt$$
$$= \int_{t_1}^{t_2} \frac{\partial U}{\partial x}\delta x dt = \int_{t_1}^{t_2} \delta U dt$$

となる．したがって，

$$\int_{t_1}^{t_2} \delta T dt - \int_{t_1}^{t_2} \delta U dt - \int_{t_1}^{t_2} \delta(T-U)dt = 0$$
$$\therefore \quad \delta \int_{t_1}^{t_2} (T-U)dt = 0 \quad \cdots ③$$

となる．実際に起こる運動は，$\int_{t_1}^{t_2}(T-U)dt$ が停留値をとる運動となる．このことは，ニュートンの運動方程式の再解釈といえ，ハミルトンの原理という．また，③で得られた $T-U$ を $L=T-U$ とおいて，この L をラグランジュ関数 (Lagrange function)，またはラグランジアン (Lagrangian) という．

ところで，$m\dfrac{d^2x}{dt^2}$ は運動量の 1 階微分として，

$$m\frac{d^2x}{dt^2} = \frac{d}{dt}(m\frac{dx}{dt}) = \frac{d}{dt}(mv) = \frac{dp}{dt}$$

とも書くことができた．これらから，

$$\frac{d\boldsymbol{p}}{dt} = -\nabla U$$
$$\frac{dp_x}{dt} = -\frac{\partial U}{\partial x}, \quad \frac{dp_y}{dt} = -\frac{\partial U}{\partial y}, \quad \frac{dp_z}{dt} = -\frac{\partial U}{\partial z} \quad \cdots ④$$

と書けることがわかる．ここで，$x,\ y,\ z$ と書く代わりに添字 i を用いて，座標 $(x,\ y,\ z)$ を座標 $(x_1,\ x_2,\ x_3)$ と書くことにしよう．これにより④は，

$$\frac{dp_i}{dt} = -\frac{\partial U}{\partial x_i} \quad \cdots ⑤$$

と書ける．ところで，この右辺は，エネルギーを用いて表されているので，左辺もエネルギーを用いて表したい．運動エネルギーを T とおくと，

$$T = \frac{1}{2}mv^2 = \frac{1}{2}m(v_1{}^2 + v_2{}^2 + v_3{}^2) \quad \cdots ⑥$$

と書ける．⑥を v_i で偏微分すると，

$$\frac{\partial T}{\partial v_i} = m v_i = p_i$$

となる．これを⑤に代入すると，

$$\frac{dp_i}{dt} = \frac{d}{dt}\left(\frac{\partial T}{\partial v_i}\right) = -\frac{\partial U}{\partial x_i}$$

$$\therefore \quad \frac{d}{dt}\left(\frac{\partial T}{\partial \dot{x}_i}\right) - \left(-\frac{\partial U}{\partial x_i}\right) = 0$$

この式を簡単に表すために，ラグランジアン $L = T - U$ を用いると，$T(\dot{x}_i), U(x_i)$ であることから

$$\frac{d}{dt}\left(\frac{\partial L}{\partial \dot{x}_i}\right) - \frac{\partial L}{\partial x_i} = 0 \quad \cdots ⑦$$

と書ける．この式をオイラー–ラグランジュの方程式という．なお，

$$p_i = \frac{\partial L}{\partial v_i} = \frac{\partial L}{\partial \dot{x}_i}$$

$$F_i = \frac{\partial L}{\partial x_i}$$

である．

☐ 9.4 ハミルトンの正準方程式

いろいろな動きをするいろいろな物体があるとする．それぞれを質点として，質点系の一般化座標を q_i とする．一般化座標では，デカルト座標などの座標系を問わず，すべての粒子のすべての座標を総合し，時間 t の関数として $q_i(t)$ $(i = 1, \cdots, f)$ と表す．質点の速度は，$\dot{q}_i = \dfrac{dq_i}{dt}$ と表す．

ラグランジアン L が，

$$L(q_1, q_2, \cdots, q_f, \dot{q}_1, \dot{q}_2, \cdots \dot{q}_f, t) = L(q, \dot{q}, t)$$

で与えられているとき，ラグランジュの運動方程式は，

$$\frac{d}{dt}\left(\frac{\partial L}{\partial \dot{q_1}}\right) - \frac{\partial L}{\partial q_1} = 0$$

$$\frac{d}{dt}\left(\frac{\partial L}{\partial \dot{q_2}}\right) - \frac{\partial L}{\partial q_2} = 0$$

$$\cdots\cdots\cdots$$

$$\frac{d}{dt}\left(\frac{\partial L}{\partial \dot{q}_f}\right) - \frac{\partial L}{\partial q_f} = 0$$

である．$\dfrac{\partial L}{\partial \dot{q}_i}$ は運動量を表すが，座標が直交座標ではなく一般化座標なので，一般化運動量として，

$$p_i = \frac{\partial L}{\partial \dot{q}_i}\,(i = 1, \cdots, n)$$

と表す．ここで，ラグランジアン $L(q,\dot{q},t)$ に，ル・ジャンドル変換 (Legendre transformation) を行う．ルジャンドル変換とは，$x = (x_1, x_2, \cdots, x_f)$ を変数とする関数 $\varphi(x)$ から，$\xi_i = \dfrac{\partial \varphi}{\partial x_i}$ $(i = 1, 2, \cdots, f)$ となる $\xi = (\xi_1, \xi_2, \cdots, \xi_f)$ があるとき，独立変数を ξ に換えて $\Psi(\xi) = \sum_i \xi_i x_i(\xi) - \varphi(x(\xi))$ という関数を考えると，x は新しい関数から，$x_i = \dfrac{\partial \Psi}{\partial \xi_i}$ $(i = 1, \cdots, f)$ と導くことができることをいう．

新しく関数を $H(q,p,t)$(ハミルトン関数，ハミルトニアン) とおくと

$$H(q,p,t) = \sum_i p_i \dot{q}_i - L(q, \dot{q}(t), t)$$

H の全微分は，

$$dH = \sum_i \dot{q}_i(t)dp_i(t) + \sum_i p_i(t)d\dot{q}_i(t) - dL$$

ところで，$p_i(t) = \dfrac{\partial L}{\partial \dot{q}_i(t)}$ より，

$$
\begin{aligned}
dH &= \sum_i \dot{q}_i(t)dp_i(t) + \sum_i \frac{\partial L}{\partial \dot{q}_i(t)}d\dot{q}_i(t) \\
&\quad - \left(\sum_i \frac{\partial L}{\partial \dot{q}_i(t)}d\dot{q}_i(t) + \sum_i \frac{\partial L}{\partial q_i(t)}dq_i(t)\right) \\
&= \sum_i \dot{q}_i(t)dp_i(t) - \sum_i \frac{\partial L}{\partial q_i(t)}dq_i(t)
\end{aligned}
$$

となる．これより，

$$\frac{\partial H}{\partial p_i(t)} = \dot{q}_i(t)$$

となる．この式を q_i で微分すると，

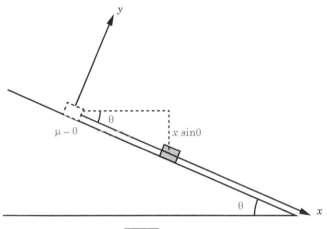

図 9.6　問題 4

$$\frac{\partial H}{\partial q_i(t)} = -\frac{\partial L}{\partial q_i(t)} \quad \cdots ①$$

となる．ここで，オイラー–ラグランジュの方程式 $\frac{d}{dt}(\frac{\partial L}{\partial \dot{q}_i}) - \frac{\partial L}{\partial q_i} = 0$ を用いると，

$$\frac{\partial H}{\partial q_i(t)} = -\dot{p}_i(t) \quad \cdots ②$$

となる．①と②をまとめてハミルトンの正準方程式という．ハミルトンの正準方程式は，オイラー–ラグランジュの方程式と等価である．

ところで，$\sum_i p_i \dot{q}_i = 2T$ なので，

$$
\begin{aligned}
H &= 2T - L = T + U \\
&= \frac{1}{2m}(p_x{}^2 + p_y{}^2 + p_z{}^2) + U(x, y, z)
\end{aligned}
$$

となり，ハミルトニアンは，系の全エネルギーに対応する．

 問題 4　図 9.6 のように，水平面と θ の角をなすなめらかな斜面上を，質量 m の物体が滑り降りるときのラグランジュの運動方程式を立てよ．なお，斜面は固定さているものとする．

解答　図 9.6 のように座標をとり，重力による位置エネルギーの基準

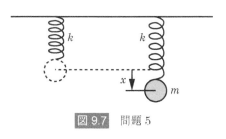

図 9.7 問題 5

を座標の原点にとると，運動エネルギー T と重力による位置エネルギー U は，

$$T = \frac{m(\dot{x})^2}{2}$$
$$U = -mgx\sin\theta$$

より，求めるラグランジュの運動方程式は，

$$\frac{\partial L}{\partial x} = \frac{\partial T}{\partial x} - \frac{\partial U}{\partial x} = 0 + mg\sin\theta, \quad \frac{\partial L}{\partial \dot{x}} = m\dot{x}$$
$$\frac{\partial L}{\partial x} - \frac{d}{dt}\left(\frac{\partial L}{\partial \dot{x}}\right) = mg\sin\theta - \frac{d}{dt}(m\dot{x}) = 0$$
$$\therefore \quad m\ddot{x} = mg\sin\theta$$

となる．■

問題5 図 9.7 のように，ばね定数 k のばねの一端を天井に取りつけ，他端に質量 m の小物体をつるした．ばねの自然長を位置エネルギーの基準として，ラグランジュの運動方程式を立てよ．ただし，重力加速度を g とする．

解答　重力による位置エネルギーも，弾性力による位置エネルギーもばねの自然長を基準とすると，

$$T = \frac{m(\dot{x})^2}{2}, \quad U = \frac{kx^2}{2} - mgx$$

であるから，

$$\frac{\partial L}{\partial x} = \frac{\partial T}{\partial x} - \frac{\partial U}{\partial x} = 0 - kx + mg, \quad \frac{\partial L}{\partial \dot{x}} = m\dot{x}$$

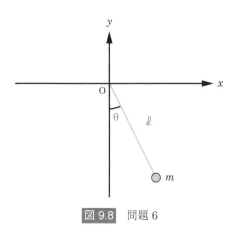

図 9.8 問題 6

となる．これをラグランジュ方程式に代入して

$$\frac{\partial L}{\partial x} - \frac{d}{dt}\left(\frac{\partial L}{\partial \dot{x}}\right) = -kx + mg - \frac{d}{dt}(m\dot{x}) = 0$$
$$\therefore \quad m\ddot{x} = -kx + mg \quad \blacksquare$$

問題6 図 9.8 のように，天井から質量 m の小物体を長さ l の糸でつるし，単振り子を作った．ラグランジュの運動方程式を立てよ．ただし，空気抵抗は無視できるものとし，重力加速度を g とする．

解答 重力による位置エネルギーの基準を天井にとる．

$$T = \frac{m(l\dot{\theta})^2}{2}, \quad U = -mgl\cos\theta$$

であるから，

$$\frac{\partial L}{\partial \theta} = \frac{\partial T}{\partial \theta} - \frac{\partial U}{\partial \theta} = 0 - mgl\sin\theta, \quad \frac{\partial L}{\partial \dot{\theta}} = ml^2\dot{\theta}$$

よって，これをラグランジュ方程式に代入して

$$\frac{\partial L}{\partial \theta} - \frac{d}{dt}\left(\frac{\partial L}{\partial \dot{\theta}}\right) = -mgl\sin\theta - \frac{d}{dt}(ml^2\dot{\theta}) = 0$$
$$\therefore \quad ml\ddot{\theta} = -mg\sin\theta$$

となる．■

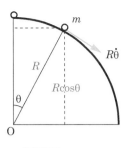

図 9.9 問題 7

 問題7 図 9.9 のように，質量 m の小物体が水平面に固定されたなめらかな円柱の表面を滑り降りている．このときのラグランジュの運動方程式を立てよ．ただし，重力加速度を g とする．

解答 速度の大きさは $R\dot{\theta}$ なので，

$$T = \frac{m(R\dot{\theta})^2}{2}, \quad U = -mg(R - R\cos\theta)$$

となる．よって，

$$\frac{\partial L}{\partial \theta} = \frac{\partial T}{\partial \theta} - \frac{\partial U}{\partial \theta} = 0 + mgR\sin\theta, \quad \frac{\partial L}{\partial \dot{\theta}} = mR^2\dot{\theta}$$

となるから，

$$\frac{\partial L}{\partial \theta} - \frac{d}{dt}\left(\frac{\partial L}{\partial \dot{\theta}}\right) = mgR\sin\theta - \frac{d}{dt}(mR^2\dot{\theta}) = 0$$
$$\therefore \quad mR\ddot{\theta} = mg\sin\theta \quad \blacksquare$$

 問題8 図 9.10 のように質量 M の太陽のまわりをまわる質量 m の惑星のラグランジュの運動方程式を立てよ．ただし，太陽の位置を原点 O とする．

解答 速度の極座標成分は，$v_r = \dot{r}, v_\theta = r\dot{\theta}$ なので，

$$T = \frac{m(\dot{r}^2 + r^2\dot{\theta}^2)}{2}, \quad U = -G\frac{mM}{r}$$

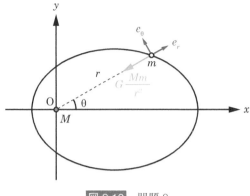

図 9.10 問題 8

となる. r 方向に関して,

$$\frac{\partial L}{\partial r} = \frac{\partial T}{\partial r} - \frac{\partial U}{\partial r} = mr\dot{\theta}^2 - G\frac{mM}{r^2}, \quad \frac{\partial L}{\partial \dot{r}} = m\dot{r}$$

となるから,

$$\frac{\partial L}{\partial r} - \frac{d}{dt}\left(\frac{\partial L}{\partial \dot{r}}\right) = mr\dot{\theta}^2 - G\frac{mM}{r^2} - m\ddot{r} = 0$$

$$\therefore \quad m(\ddot{r} - r\dot{\theta}^2) = -G\frac{mM}{r^2}$$

これが r 方向の運動方程式である. また, θ に関して

$$\frac{\partial L}{\partial \theta} = 0, \quad \frac{d}{dt}\left(\frac{\partial L}{\partial \dot{\theta}}\right) = \frac{d}{dt}(mr^2\dot{\theta}) = 2mr\dot{r}\dot{\theta} + mr^2\ddot{\theta}$$

$$\therefore \quad m(2\dot{r}\dot{\theta} + r\ddot{\theta}) = 0$$

これが θ に関する運動方程式である. ■

☐ 9.5 ラグランジュの未定係数法と応用

ある条件のもとで最大最小を求めのに便利な方法の 1 つにラクランジュの未定係数法がある. 例えば, 周囲の長さが $2L$ である長方形の面積の最大値を求めるような場合である. 長方形の二辺を x, y とすると, $L = x + y$ なので,

$$g(x, y) = x + y - L = 0$$

とおくと，面積 xy は，条件 $g = 0$ のもとで，次の関数 f の極値を求めることになる．

$$f(x, y) = xy$$

f が停留値をとるということは，次式が成り立つことである．

$$\frac{\delta f}{\delta x}dx + \frac{\delta f}{\delta y}dy = 0$$

かつ，

$$\frac{\delta g}{\delta x}dx + \frac{\delta g}{\delta y}dy = 0$$

上の 2 式から，適当な 1 次結合を作って，dx，dy の係数をゼロとすればよいので，

$$(\frac{\delta f}{\delta x}dx + \frac{\delta f}{\delta y}dy) + \lambda(\frac{\delta g}{\delta x}dx + \frac{\delta g}{\delta y}dy) = 0$$
$$(\frac{\delta f}{\delta x} + \lambda\frac{\delta g}{\delta x})dx + (\frac{\delta f}{\delta y} + \lambda\frac{\delta g}{\delta y})dy = 0$$

より，

$$\frac{\delta f}{\delta x} + \lambda\frac{\delta g}{\delta x} = 0, \quad \frac{\delta f}{\delta y} + \lambda\frac{\delta g}{\delta y} = 0$$

となる．実際に計算すると，

$$y + \lambda = 0, \quad x + y = 0, \therefore \quad \lambda = -x = -y$$

であり，$x + y - L = 0$ が成り立つことから，$x = y = \dfrac{L}{2}$ のとき極値 $xy = \dfrac{L^2}{4}$ をとることがわかる．

関数 $f(x_1, x_2, \cdots, x_n)$ が，条件 $g_i = 0$　$(1 \leqq i \leqq p)$ で制約されている下で，極値問題を考えるには，定数 λ　$(1 \leqq i \leqq p)$ を用意し，関数 $\tilde{f}$

$$\tilde{f} = f(x, y) + \lambda g(x, y)$$
$$= f - \sum_{i=1}^{p} \lambda_i g_i$$

を極値にする条件を求めればよい.

問題9 縦, 横, 高さが x, y, z である立方体がある. 表面積が一定値 S であるとき, 体積の最大 (極値) を求めよ.

解答 関数 f, g を次のように定義したとき, 拘束条件 $g = 0$ のもと, f の極値を求める問題である.

$$g(x,y,z) = 2(xy + yz + zx) - S = 0, \quad f(x,y,z) = xyz$$

よって,

$$\tilde{f} = xyz + \lambda \{2(xy + yz + zx) - S\}$$

を考え, $\dfrac{\partial \tilde{f}}{\partial x} = 0$, $\dfrac{\partial \tilde{f}}{\partial y} = 0$, $\dfrac{\partial \tilde{f}}{\partial z} = 0$ より, それぞれ,

$$yz + 2\lambda(y + z) = 0, \quad zx + 2\lambda(z + x) = 0, \quad xy + 2\lambda(x + y) = 0$$

となる. これら3式より λ を消去する. 具体的には,

$$\{yz + 2\lambda(y + z)\} \times (x + z) - \{zx + 2\lambda(z + x)\} \times (y + z) = 0$$

より,

$$yz(x + z) - zx(y + z) = yzz - zzx = zz(y - x) = 0$$
$$\therefore \quad y = x$$

同様に, $z - x = 0$. すなわち, $x = y = z$ となる. $g = 0$ より, $x = y = z = \sqrt{\dfrac{S}{6}}$ となる. よって, 体積の最大値は

$$xyz = \left(\frac{S}{6}\right)^{3/2} \quad \blacksquare$$

問題10 周囲の長さ L である直角三角形の面積の最大値を求めよ.

解答 直角をはさむ二辺の長さを x, y とする. 関数 f, g を次のよう

に定義したとき，拘束条件 $g = 0$ のもとで f の極値を求める．

$$g(x, y) = x + y + \sqrt{x^2 + y^2} - L = 0, \quad f(x, y) = \frac{xy}{2}$$

より，関数 $\tilde{f}$ を

$$\tilde{f} = f + \lambda g = \frac{xy}{2} + \lambda \left\{ x + y + \sqrt{x^2 + y^2} - L \right\} = 0$$

とすると，$\dfrac{\partial \tilde{f}}{\partial x} = 0, \ \dfrac{\partial \tilde{f}}{\partial y} = 0$ より，それぞれ，

$$\frac{y}{2} + \lambda(1 + \frac{x}{\sqrt{x^2 + y^2}}) = 0, \frac{x}{2} + \lambda(1 + \frac{y}{\sqrt{x^2 + y^2}}) = 0$$

この 2 式から λ を消去する．

$$\left\{ \frac{y}{2} + \lambda(1 + \frac{x}{\sqrt{x^2 + y^2}}) \right\} \times 2(1 + \frac{y}{\sqrt{x^2 + y^2}})$$

$$- \left\{ \frac{x}{2} + \lambda(1 + \frac{y}{\sqrt{x^2 + y^2}}) \right\} \times 2(1 + \frac{x}{\sqrt{x^2 + y^2}}) = 0$$

より，

$$y(1 + \frac{y}{\sqrt{x^2 + y^2}}) - x(1 + \frac{x}{\sqrt{x^2 + y^2}}) = 0$$

$$(y - x) + (y - x)(y + x)\frac{1}{\sqrt{x^2 + y^2}} = 0$$

$$\therefore \quad y - x = 0$$

よって，$x = y = \dfrac{L}{2 + \sqrt{2}}$ となる．よって面積の最大値は

$$\frac{xy}{2} = \frac{1}{2} \left(\frac{L}{2 + \sqrt{2}} \right)^2 \quad \blacksquare$$

9.5.1 マクスウェル-ボルツマンの分布則

　物質中には，いろいろなエネルギーの分子が混在している．分子のとりうるエネルギーが ε_i $(i = 1, 2, \cdots, k)$ であるとする．全分子数が N，全エネルギー E のとき，エネルギーが ε_i となる分子数 N_i を求めてみよう．

　熱平衡状態では，微視的にみた状態の数を最大にする状態が実現する．

　巨視的にみて，分子は互いに区別できるとし，エネルギー ε_i の状態の分子

数が N_i であるとする．そのとき，微視的にみた状態の数は，

$$W(N_1, \cdots, N_k) = \frac{N!}{N_1! N_2! N_3! \cdots N_k!}$$

となる．全分子数が N，全エネルギーが E という拘束条件は，以下の2式で表される．

$$g_1(N_1, \cdots, N_k) = \sum_{i=1}^{k} N_i - N = 0$$

$$g_2(N_1, \cdots, N_k) = \sum_{i=1}^{k} \varepsilon_i N_i - E = 0$$

したがって，$g_1 = 0, g_2 = 0$ という拘束条件の下，W またはその対数 $f = \log W$ を極値にする条件を求めればよい．

$$f = \log W = \log \frac{N!}{N_1! N_2! N_3! \cdots N_k!}$$

$$= \log N! - \sum_{i=1}^{k} \log N_i!$$

ここで，分子数は十分多いとして，スターリングの近似式

$$\lim_{N \to \infty} \log N! = N \log N - N$$

を用いると，

$$f = N \log N - N - \left(\sum_{i=1}^{k} N_i \log N_i - \sum_{i=1}^{k} N_i \right)$$

$$= N \log N - \sum_{i=1}^{k} N_i \log N_i \quad \left(\because \sum_{i=1}^{k} N_i = N \right)$$

となる．この式を使ってラグランジュの未定係数法を利用するが，λ_1, λ_2 とするところを $\lambda_1 = -\alpha, \lambda_2 = -\beta$ とする (なお，温度が T の場合，$\beta = \frac{1}{k_B T}$)．そうすると，

$$\tilde{f} = N \log N - \sum_{i=1}^{k} N_i \log N_i - \alpha g_1 - \beta g_2$$

$$= N \log N - \sum_{i=1}^{k} N_i \log N_i - \alpha \left(\sum_{i=1}^{k} N_i - N \right) - \beta \left(\sum_{i=1}^{k} \varepsilon_i N_i - E \right)$$

ここで, $\dfrac{\delta \tilde{f}}{\delta N_i} = 0$ より,

$$-(N_i)' \log N_i - N_i(\log N_i)' - \alpha - \beta \varepsilon_i$$

$$= -\log N_i - 1 - \alpha - \beta \varepsilon_i = 0 \qquad (\because \quad N_i(\log N_i)' = N_i \dfrac{1}{N_i} = 1)$$

$$\therefore \quad \log N_i = \quad 1 - \alpha - \beta \varepsilon_i$$

よって,

$$N_i = e^{-1-\alpha-\beta \varepsilon_i}$$

$$= e^{-1-\alpha} e^{-\beta \varepsilon_i}$$

$$\therefore \quad N_i = A e^{-\beta \varepsilon_i} \qquad (A = e^{-1-\alpha})$$

となる. これをマクスウェル-ボルツマンの分布則という.

第 10 章

ベクトル空間

10.1 ベクトル空間の演算

デカルト座標系 $x-y-z$ における単位ベクトルを $\boldsymbol{i}, \boldsymbol{j}, \boldsymbol{k}$ あるいは $\boldsymbol{e}_1, \boldsymbol{e}_2, \boldsymbol{e}_3$ とすると，任意の 3 次元ベクトル $\boldsymbol{V}$ の成分 (V^1, V^2, V^3) は，

$$\boldsymbol{V} = V^1\boldsymbol{i} + V^2\boldsymbol{j} + V^3\boldsymbol{k} = V^1\boldsymbol{e}_1 + V^2\boldsymbol{e}_2 + V^3\boldsymbol{e}_3$$
$$= \sum_\mu V^\mu \boldsymbol{e}_\mu$$

と書けるが，シグマ記号は頻繁に使われるので，添え字が上下に同じものがある場合は，その数までの和をとるという約束にしてシグマ記号を外して，

$$\boldsymbol{V} = V^\mu \boldsymbol{e}_\mu$$

と表記する．この表記の仕方をアインシュタインの規約という．

ところで，線形空間 V の中にある n 個のベクトル $\boldsymbol{a}_1, \boldsymbol{a}_2, \cdots, \boldsymbol{a}_n$ からなる、1 次結合 $x_1\boldsymbol{a}_1 + x_2\boldsymbol{a}_2 + \cdots + x_n\boldsymbol{a}_n$ について，1 次独立とは，$x_1\boldsymbol{a}_1 + x_2\boldsymbol{a}_2 + \cdots + x_n\boldsymbol{a}_n = 0$ を満たすような $x_1, \cdots, x_n$ の組み合わせが，$(x_1, x_2, \cdots, x_n) = (0, 0, \cdots, 0)$ だけしか存在しないようなベクトルの組のことをいう．逆に，1 次従属とは，1 次独立でないベクトルの組み合わせ、すなわち上の式において**ゼロ以外の組み合わせも考えることができる**ようなベクトルの組のことをいう．

線形空間 V が $\boldsymbol{0}$ でない (零ベクトル以外の要素をもつ) とき，V の中に，次の 2 つの条件を満たす n 個のベクトル $\boldsymbol{a}_1, \boldsymbol{a}_2, \cdots, \boldsymbol{a}_n$ があるとき，それを基底とよぶ．1 つは，それらのベクトルが 1 次独立であること．もう 1 つは，$\boldsymbol{a}_1, \boldsymbol{a}_2, \cdots, \boldsymbol{a}_n$ の 1 次結合の形で，V の中にあるすべての要素を網羅的に記述できることである．n 次の行ベクトル (成分を横に並べたもの) の集

合は線形空間であり，n 次の行ベクトル空間とよばれる．$n \times n$ の単位行列を考え，行ごとにした行ベクトルを $e_1, e_2, e_3, \cdots, e_n$ とし，i 番目の e_i は i 番目の成分のみ 1 で，それ以外は 0 であるとすると，

$$e_i = [0 \quad 0 \cdots 1 \cdots 0]$$

となる．このとき行ベクトル $e_1, e_2, e_3, \cdots, e_n$ は，1 次独立でありかつ，これらのベクトルの 1 次結合で n 次の行ベクトルのすべてを表すことができるので，$e_1, e_2, e_3, \cdots, e_n$ の組は基底である．基底を構成するベクトルの個数を次元といい，$\dim V$ のように表現する．

ところで，話を簡単にするため，基底を $\{e_1, e_2, e_3\}$ とし，この基底を別の基底 $\{e_1', e_2', e_3'\}$ に変換してみる．このような操作の行い方を指示するものを演算子 (operator) という．基底 $\{e_1, e_2, e_3\}$ を新しい基底 $\{e_1', e_2', e_3'\}$ に変換する演算子を $\hat{A}$(A ハットと読む) とすると，変換後の基底は，$e_i' = \hat{A}e_i$ と書ける．つまり，

$$e_i' = \hat{A}e_i = A_i{}^\mu e_\mu = A_i{}^1 e_1 + A_i{}^2 e_2 + A_i{}^3 e_3$$

より，

$$\begin{cases} e_1' = A_1{}^\mu e_\mu = A_1{}^1 e_1 + A_1{}^2 e_2 + A_1{}^3 e_3 \\ e_2' = A_2{}^\mu e_\mu = A_2{}^1 e_1 + A_2{}^2 e_2 + A_2{}^3 e_3 \\ e_3' = A_3{}^\mu e_\mu = A_3{}^1 e_1 + A_3{}^2 e_2 + A_3{}^3 e_3 \end{cases}$$

と書け，さらに行列を用いて，

$$\begin{pmatrix} e_1' \\ e_2' \\ e_3' \end{pmatrix} = \begin{pmatrix} A_1{}^1 & A_1{}^2 & A_1{}^3 \\ A_2{}^1 & A_2{}^2 & A_2{}^3 \\ A_3{}^1 & A_3{}^2 & A_3{}^3 \end{pmatrix} \begin{pmatrix} e_1 \\ e_2 \\ e_3 \end{pmatrix}$$

また，基底 $\{e_1, e_2, e_3\}$ も変換後の基底 $\{e_1', e_2', e_3'\}$ も，単位ベクトルは互いに直交の関係にあるので，その内積をとると，

$$\begin{cases} e_i \cdot e_j = \delta_{ij} \\ e_i' \cdot e_j' = \delta_{ij} \end{cases} \qquad \delta_{ij} = \begin{cases} 0 \quad (i \neq j) \\ 1 \quad (i = j) \end{cases}$$

となる．なお，δ_{ij} をクロネッカーのデルタ δ という．

ここで，$\boldsymbol{e}'_i \cdot \boldsymbol{e}'_j = \delta_{ij}$ を行列にしてみてみよう．

$$\boldsymbol{e}'_i \cdot \boldsymbol{e}'_j = (A_i{}^\mu \boldsymbol{e}_\mu)(A_j{}^\nu \boldsymbol{e}_\nu) = A_i{}^\mu A_j{}^\nu (\boldsymbol{e}_\mu \cdot \boldsymbol{e}_\nu)$$

$$= A_i{}^\mu A_j{}^\nu \delta_{\mu\nu} = \sum_{\mu=1}^{3} A_i{}^\mu A_j{}^\mu = \delta_{ij}$$

より，

$$\begin{pmatrix} A_1{}^1 & A_1{}^2 & A_1{}^3 \\ A_2{}^1 & A_2{}^2 & A_2{}^3 \\ A_3{}^1 & A_3{}^2 & A_3{}^3 \end{pmatrix} \begin{pmatrix} A_1{}^1 & A_2{}^1 & A_3{}^1 \\ A_1{}^2 & A_2{}^2 & A_3{}^2 \\ A_1{}^3 & A_2{}^3 & A_3{}^3 \end{pmatrix} = \begin{pmatrix} 1 & 0 & 0 \\ 0 & 1 & 0 \\ 0 & 0 & 1 \end{pmatrix}$$

上式の右辺の2つの行列を見比べると，一方は他方の転置行列になっている．行列 A の転置行列は A^T と書き，

$$\begin{pmatrix} A_1{}^1 & A_2{}^1 & A_3{}^1 \\ A_1{}^2 & A_2{}^2 & A_3{}^2 \\ A_1{}^3 & A_2{}^3 & A_3{}^3 \end{pmatrix} = \begin{pmatrix} A_1{}^1 & A_1{}^2 & A_1{}^3 \\ A_2{}^1 & A_2{}^2 & A_2{}^3 \\ A_3{}^1 & A_3{}^2 & A_3{}^3 \end{pmatrix}^T$$

なので，

$$A = \begin{pmatrix} A_1{}^1 & A_2{}^1 & A_3{}^1 \\ A_1{}^2 & A_2{}^2 & A_3{}^2 \\ A_1{}^3 & A_2{}^3 & A_3{}^3 \end{pmatrix}, \quad E = \begin{pmatrix} 1 & 0 & 0 \\ 0 & 1 & 0 \\ 0 & 0 & 1 \end{pmatrix}$$

とおくと，$A^T A = E$ となる．このためには，

$$A^T = A^{-1}$$

である必要がある．

□ 10.2 ベクトル変換の演算

演算子 $\hat{T}$ によって基底 $\{\boldsymbol{e}_1, \boldsymbol{e}_2, \boldsymbol{e}_3\}$ を変換すると，

$$\begin{cases} \hat{T}e_1 = T_1{}^1e_1 + T_1{}^2e_2 + T_1{}^3e_3 \\ \hat{T}e_2 = T_2{}^1e_1 + T_2{}^2e_2 + T_2{}^3e_3 \\ \hat{T}e_3 = T_3{}^1e_1 + T_3{}^2e_2 + T_3{}^3e_3 \end{cases}$$

あるいは,

$$\hat{T}e_i = T_i{}^\mu e_\mu \quad \cdots \text{①}$$

と書ける. それでは, ベクトル $\boldsymbol{X}$ を演算子 $\hat{T}$ を用いてベクトル $\boldsymbol{Y}$ に変換してみよう.

$$\begin{aligned} \boldsymbol{Y} &= \hat{T}\boldsymbol{X} \\ &= \hat{T}\left(X^\mu e_\mu\right) = X^\mu \hat{T}e_\mu = X^\mu T_\mu{}^\nu e_\nu \end{aligned}$$

この $\boldsymbol{Y}$ の e_i 成分は $Y^i = T_\mu{}^i X^\mu$ と書け, このように書かれた表現を**混合成分**という.

ところで, ①の両辺に左から e_j を掛けて (内積をとって) みると,

$$\begin{aligned} e_j \cdot (\hat{T}e_i) &= e_j \cdot (T_i{}^\mu e_\mu) \\ &= T_i{}^\mu (e_j \cdot e_\mu) \\ &= T_i{}^\mu \delta_{j\mu} = T_i{}^j \\ \therefore \quad T_i{}^j &= e_j \cdot (\hat{T}e_i) \end{aligned}$$

i と j を入れ替えて, $T_j{}^i = e_i \cdot \left(\hat{T}e_j\right)$ とし, これを T_{ij} とおきなおす. この T_{ij} を $\hat{T}$ の**共変成分**という.

演算子 $\hat{T}$ の成分は, 基底 $\{e_1, e_2, e_3\}$ では $T_{ij} = e_i \cdot \left(\hat{T}e_j\right)$ で与えられる. 変換後の基底 $\{e'_1, e'_2, e'_3\}$ では, どうなるであろうか? $T'_{ij} = e'_i \cdot \left(\hat{T}e'_j\right)$ となるので,

$$\begin{aligned} T'_{ij} &= e'_i \cdot \left(\hat{T}e'_j\right) \\ &= \left(A_i{}^\mu e_\mu\right) \cdot \left(\hat{T}\left(A_j{}^\nu e_\nu\right)\right) = \left(A_i{}^\mu e_\mu\right) \cdot \left(A_j{}^\nu \hat{T}e_\nu\right) \\ &= \left(A_i{}^\mu A_j{}^\nu\right) \cdot \left(e_\mu \hat{T}e_\nu\right) \\ &= A_i{}^\mu A_j{}^\nu T_{\mu\nu} \end{aligned}$$

ところで, 前節の最後の結果 $A^T = A^{-1}$ より,

$$(A^T)^T \equiv A = (A^T)^{-1}$$

となる．ここでは，混合成分と共変成分は同じだったので，②より，

$$T'_{ij} = T'^i_j = A_\mu{}^i A_j{}^\nu T_{\mu\nu} = A_\mu{}^i A_j{}^\nu T_\nu{}^\mu$$
$$= A_\mu{}^i T_\nu{}^\mu A_j{}^\nu$$

これを行列で表すと，

$$
\begin{pmatrix} T'^1_1 & T'^1_2 & T'^1_3 \\ T'^2_1 & T'^2_2 & T'^2_3 \\ T'^3_1 & T'^3_2 & T'^3_3 \end{pmatrix}
$$
$$
= \begin{pmatrix} A_1{}^1 & A_1{}^2 & A_1{}^3 \\ A_2{}^1 & A_2{}^2 & A_2{}^3 \\ A_3{}^1 & A_3{}^2 & A_3{}^3 \end{pmatrix} \begin{pmatrix} T_1{}^1 & T_2{}^1 & T_3{}^1 \\ T_1{}^2 & T_2{}^2 & T_3{}^2 \\ T_1{}^3 & T_2{}^3 & T_3{}^3 \end{pmatrix} \begin{pmatrix} A_1{}^1 & A_2{}^1 & A_3{}^1 \\ A_1{}^2 & A_2{}^2 & A_3{}^2 \\ A_1{}^3 & A_2{}^3 & A_3{}^3 \end{pmatrix}
$$

となり，

$$T' = A^T T A$$

である．

10.3 ユニタリー行列・エルミート行列

複素数 $x = a + bi$ に対して，$x^* = a - bi$ を複素共役 (共役複素数) という．実数を考えている限りこの記号「*」はないのと同じであるが，複素ベクトルを考える場合に重要になる．1つの複素数 x_1 で表される 1 次元の複素ベクトルの長さは，

$$|x_1| = \sqrt{x_1^* x_1}$$

である．よって内積も，

$$x \cdot y = x_1^* y_1$$

と定義される.

n 次元の複素ベクトル空間で要求される基底は, 1 次独立で長さが 1 となる直交ベクトルを考えるとよい. これを, 基底 $\{e_1, e_2, \cdots, e_n\}$ とおくと,

$$e_i \cdot e_j = \delta_{ij}$$

を満たす関係であればよいとなる.

ここで, ベクトル $\boldsymbol{V}$ を $\boldsymbol{V} = V^\mu e_\mu$ とし, これに左から e_μ を掛けると, $e_\mu \cdot \boldsymbol{V} = e_\mu \cdot V^\mu e_\mu = V^\mu$ となる.

ベクトル $\boldsymbol{U}$ とベクトル $\boldsymbol{V}$ の内積を考えると,

$$\boldsymbol{U} \cdot \boldsymbol{V} = U_\mu{}^* V^\mu = (U_1{}^* \quad U_2{}^* \quad \cdots \quad U_n{}^*) \begin{pmatrix} V^1 \\ V^2 \\ \vdots \\ V^n \end{pmatrix}$$

と書ける. $(U_1{}^* \quad U_2{}^* \quad \cdots \quad U_n{}^*)$ は, $\begin{pmatrix} U^1 \\ U^2 \\ \vdots \\ U^n \end{pmatrix}$ を転置して共役をとったものなので,

$$(U_1{}^* \quad U_2{}^* \quad \cdots \quad U_n{}^*) = \begin{pmatrix} U^1 \\ U^2 \\ \vdots \\ U^n \end{pmatrix}^{*T} = (U^*)^T$$

である. ここで, $(U^*)^T$ を $U^\dagger$ († はダガーと読む) と書く. $U^\dagger$ を U のエルミート共役 (Hermitian conjugate, 転置複素共役) という. 以上から, ベクトル $\boldsymbol{U}$ とベクトル $\boldsymbol{V}$ の内積は,

$$U \cdot V = \begin{pmatrix} U_1{}^* & U_2{}^* & \cdots & U_n{}^* \end{pmatrix} \begin{pmatrix} V^1 \\ V^2 \\ \vdots \\ V^n \end{pmatrix} = \begin{pmatrix} U^1 \\ U^2 \\ \vdots \\ U^n \end{pmatrix}^\dagger \begin{pmatrix} V^1 \\ V^2 \\ \vdots \\ V^n \end{pmatrix}$$

$$= U^\dagger V$$

と書ける.

複素ベクトル空間で，基底の変換を行ってみる．実ベクトル空間で行ったのと同様に，基底 $\{e_1, e_2, e_3, \cdots, e_n\}$ を新しい基底 $\{e'_1, e'_2, e'_3, \cdots, e'_n\}$ に変換する演算子を $\hat{A}$ とする．単位ベクトルの変換は，$e'_i = \hat{A}e_i = A_i{}^\mu e_\mu$ となり，互いに直交する条件から，

$$\begin{cases} e_i \cdot e_j = \delta_{ij} \\ e'_i \cdot e'_j = \delta_{ij} \end{cases}$$

となり．したがって，変換後の単位ベクトルの内積は，

$$e'_i \cdot e'_j = \delta_{ij}$$

となるが，これは，$(e'_i)^\dagger = A^*{}_\mu{}^i (e_\mu)^\dagger$ を用いて，

$$e'_i \cdot e'_j = (e'_i)^\dagger e'_j = \left(A^*{}_\mu{}^i (e_\mu)^\dagger \right) (A_j{}^\nu e_\nu) = A^*{}_\mu{}^i A_j{}^\nu \delta_\nu{}^\mu$$
$$= \delta'_{ij}$$

となる．行列で表示すると，

$$\begin{pmatrix} A^*{}_1{}^1 & A^*{}_1{}^2 & \cdots & A^*{}_1{}^n \\ A^*{}_2{}^1 & A^*{}_2{}^2 & \cdots & A^*{}_2{}^n \\ \vdots & \vdots & \ddots & \vdots \\ A^*{}_n{}^1 & A^*{}_n{}^2 & \cdots & A^*{}_n{}^n \end{pmatrix} \begin{pmatrix} A_1{}^1 & A_2{}^1 & \cdots & A_n{}^1 \\ A_1{}^2 & A_2{}^2 & \cdots & A_n{}^2 \\ \vdots & \vdots & \ddots & \vdots \\ A_1{}^n & A_2{}^n & \cdots & A_n{}^n \end{pmatrix} = \begin{pmatrix} 1 & 0 & 0 & 0 \\ 0 & 1 & 0 & 0 \\ 0 & 0 & 1 & 0 \\ 0 & 0 & 0 & 1 \end{pmatrix}$$

である．ところで，

$$
\begin{pmatrix}
A^*{}_1{}^1 & A^*{}_1{}^2 & \cdots & A^*{}_1{}^n \\
A^*{}_2{}^1 & A^*{}_2{}^2 & \cdots & A^*{}_2{}^n \\
\vdots & \vdots & \ddots & \vdots \\
A^*{}_n{}^1 & A^*{}_n{}^2 & \cdots & A^*{}_n{}^n
\end{pmatrix}
=
\begin{pmatrix}
A_1{}^1 & A_2{}^1 & \cdots & A_n{}^1 \\
A_1{}^2 & A_2{}^2 & \cdots & A_n{}^2 \\
\vdots & \vdots & \ddots & \vdots \\
A_1{}^n & A_2{}^n & \cdots & A_n{}^n
\end{pmatrix}^{*T}
$$

なので，$A^\dagger = (A^*)^T$（エルミート行列）とおくと，

$$
A^\dagger A = E
$$

となる．このとき，

$$
A^\dagger = A^{-1}
$$

である．また，この関係を満たす行列をユニタリー行列 (unitary matrix) という．ユニタリー行列による変換をユニタリー変換という．

続いて演算子の変換についてみてみる．

演算子 $\hat{T}$ によって基底 $\{e_1, e_2, e_3, \cdots, e_n\}$ を変換するとする．演算子 $\hat{T}$ の共変成分は $T_{ij} = e_i \cdot \left(\hat{T} e_j\right)$ で，ユニタリー変換された基底 $\{e'_1, e'_2, e'_3, \cdots, e'_n\}$ は $T'_{ij} = e'_i \cdot \left(\hat{T} e'_j\right)$ なので，

$$
\begin{aligned}
T'_{ij} &= e'_i \cdot \left(\hat{T} e'_j\right) \\
&= (A^*{}_i{}^\mu e_\mu) \cdot \left(\hat{T}\left(A_j{}^\nu e_\nu\right)\right) \\
&= A^*{}_i{}^\mu \left(e_\mu \cdot \hat{T} e_\nu\right) A_j{}^\nu \\
&= A^*{}_i{}^\mu T_{\mu\nu} A_j{}^\nu \\
&= A^*{}_i{}^\mu A_j{}^\nu T_{\mu\nu}
\end{aligned}
$$

ここで，$A^\dagger = A^{-1}, A^*{}_i{}^\mu = ((A^*{}_i{}^\mu)^T)^T = (A^\dagger{}_\mu{}^i)^T = A^\dagger{}_i{}^\mu$ より，

$$
\begin{aligned}
T'_{ij} &= T'{}_j{}^i \\
&= A^\dagger{}^i{}_\mu A_j{}^\nu T_\nu{}^\mu
\end{aligned}
$$

となる．行列で表示すると，

$$T = \begin{pmatrix} T_{11} & T_{12} & \cdots & T_{1n} \\ T_{21} & T_{22} & \cdots & T_{2n} \\ \vdots & \vdots & \ddots & \vdots \\ T_{n1} & T_{n2} & \cdots & T_{nn} \end{pmatrix} = \begin{pmatrix} T_1{}^1 & T_2{}^1 & \cdots & T_n{}^1 \\ T_1{}^2 & T_2{}^2 & \cdots & T_n{}^2 \\ \cdots & \vdots & \ddots & \vdots \\ T_1{}^n & T_2{}^n & \cdots & T_n{}^n \end{pmatrix}$$

また，

$$T' = \begin{pmatrix} T'_{11} & T'_{12} & \cdots & T'_{1n} \\ T'_{21} & T'_{22} & \cdots & T'_{1n} \\ \vdots & \vdots & \ddots & \vdots \\ T'_{n1} & T'_{n2} & \cdots T'_{nn} \end{pmatrix} = \begin{pmatrix} T'_1{}^1 & T'_2{}^1 & \cdots & T'_n{}^1 \\ T'_1{}^2 & T'_2{}^2 & \cdots & T'_n{}^2 \\ \vdots & \vdots & \ddots & \vdots \\ T'_1{}^n & T'_2{}^n & \cdots & T'_n{}^n \end{pmatrix}$$

と書くことで，$T' = A^\dagger T A$(エルミート形式) となる.

エルミート行列は，$T = T^\dagger$ という性質をもつ行列で，成分で表現すると，$T_i{}^j = T^\dagger{}_i{}^j$ となる.

ユニタリー変換の行列を A とおくと，ユニタリー変換では，エルミート形式となり，$T' = A^\dagger T A$ となるので，$T = T^\dagger$ を用いて，

$$\begin{aligned} T' &= A^\dagger T A = A^\dagger T^\dagger A = (TA)^\dagger A \\ &= (A^\dagger(TA))^\dagger = (A^\dagger TA)^\dagger \\ &= T'^\dagger \end{aligned}$$

となる. このことは，エルミート行列はユニタリー変換をしてもエルミート性を保つ，つまり，エルミート行列はユニタリー変換に対して不変性をもつということになる.

また，固有ベクトルを $\boldsymbol{V}$，固有値を λ とする. エルミート行列の固有値の 1 つを λ_i，もう 1 つを λ_j，それぞれに対応する固有ベクトルを $\boldsymbol{V}_i$, $\boldsymbol{V}_j$ とすると，

$$T\boldsymbol{V}_i = \lambda_i \boldsymbol{V}_i \quad \cdots ①$$
$$T\boldsymbol{V}_j = \lambda_j \boldsymbol{V}_j \quad \cdots ②$$

となる. ②の式を用いて,

$$(T\boldsymbol{V}_j)^\dagger = (\lambda_j \boldsymbol{V}_j)^\dagger$$

より,

$$\boldsymbol{V}_j{}^\dagger T^\dagger = \lambda^*{}_j \boldsymbol{V}_j{}^\dagger$$

また, エルミート行列では $T = T^\dagger$ となるので,

$$\boldsymbol{V}_j{}^\dagger T = \lambda_j^* \boldsymbol{V}_j{}^\dagger \quad \cdots ③$$

ここで, ①の両辺に左から $\boldsymbol{V}_j{}^\dagger$ を掛け, ③の両辺に右から $\boldsymbol{V}_i$ を掛けて, 辺々を引き算すると,

$$0 = (\lambda_i - \lambda_j^*)\boldsymbol{V}_j{}^\dagger \boldsymbol{V}_i$$

となる. $\boldsymbol{V}_j{}^\dagger \boldsymbol{V}_i \neq 0$ のとき, $i = j$ ならば $\lambda_i = \lambda_j^*$ とならざるを得なくなる. このことから, エルミート行列の固有値は実数であることがわかる. 逆に, エルミート行列の固有値が異なる場合, つまり, $\lambda_i \neq \lambda_j^*$ の場合, $\boldsymbol{V}_j{}^\dagger \boldsymbol{V}_i = 0$ すなわち, 2つのベクトルの内積は 0 となる. このことから, 異なる固有値の固有ベクトルは直交することがわかる.

□ 10.4 ヒルベルト空間

図10.1のように, 実直線となる x 軸の上に, $x_1, x_2, \cdots, x_n$ をとり, これに対して, ベクトル $\boldsymbol{V}_1, \boldsymbol{V}_2, \cdots, \boldsymbol{V}_n$ をとる. $\boldsymbol{V}_i = f(x_i)$ $(i = 1, 2, \cdots, n)$ という関数で表されるとする. また, 変数 x の無限個の値に対して定義されている関数 $f(x)$ は, 無限次元ベクトルとみなせる.

ここで, ベクトル f と g の内積を考えると,

$$f \cdot g = \sum_{\mu=1}^{n} f_*{}^\mu g^\mu$$

である. f の成分は $f(x_i)$ $(i = 1, 2, \cdots, n)$ で, g の成分は $g(x_i)$ $(i = 1, 2, \cdots, n)$ なので,

$$f \cdot g = \sum_{\mu=1}^{n} f^*(x_\mu) g(x_\mu)$$

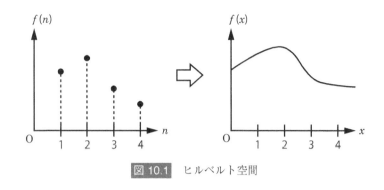

図 10.1　ヒルベルト空間

となる．関数は無限次元ベクトルであるから，改めて f, g を関数と考えてこの式を積分すると，

$$\int_{-\infty}^{\infty} f^*(x)g(x)dx$$

となる．ここで，内積 $\langle f(x)|g(x)\rangle$ を，

$$\langle f(x)|g(x)\rangle = \int_{-\infty}^{\infty} f^*(x)g(x)dx$$

と定義しよう．ディラックは，これをブラケット $\langle\ \ \rangle$ と表現した．$\langle f|$ をブラ，$|f\rangle$ をケットという．なお，$\langle f| = |f\rangle^*$ である．

続いて，ブラケットの長さ，ノルム (norm) を求めてみる．ケットベクトル $|f\rangle$ の長さ $||f\rangle|$ は，

$$||f\rangle| = \sqrt{\langle f|f\rangle}$$

として求める．

それでは，正規直交系で長さが 1 の場合についてみてみよう．そのような単位ベクトル (基底) として $\{|\psi_1\rangle, |\psi_2\rangle, \cdots, |\psi_n\rangle\}$ を選んだ場合，

$$\langle \psi_m|\psi_n\rangle = \int \psi_m^* \psi_n dx$$

$$= \delta_{mn} = \begin{cases} 1 & (m = n) \\ 0 & (m \neq n) \end{cases}$$

となる．ここで δ_{mn} は，クロネッカーのデルタである．

正規直交系 $\{|\psi_1\rangle, |\psi_2\rangle, \cdots, |\psi_n\rangle\}$(あるいは，$\{|\psi_k\rangle\}$ と書いてもよい) に

おいて，関数 $f(x)$ を $\sum_{k=1}^{n} a_k |\psi_k\rangle$ と展開し，$f(x)$ との誤差

$$\int_{-\infty}^{\infty} \left| f(x) - \sum_{k=1}^{n} a_k |\psi_k\rangle \right|^2 dx$$

をみてみよう．上の式は，以下のように計算できる．

$$\int_{-\infty}^{\infty} \left(f(x) - \sum_{\mu=1}^{n} a_\mu |\psi_\mu\rangle \right)^* \left(f(x) - \sum_{\nu=1}^{n} a_\nu |\psi_\nu\rangle \right) dx$$

$$= \int_{-\infty}^{\infty} \{ f^*(x) f(x) - \sum_{\mu=1}^{n} (a_\mu f^*(x) |\psi_\mu\rangle + a_\mu{}^* f(x) |\psi_\mu\rangle^*)$$

$$+ \sum_{\mu=1}^{n} \sum_{\nu=1}^{n} a_\mu{}^* a_\nu |\psi_\mu\rangle^* |\psi_\nu\rangle \} dx$$

$$= \langle f|f \rangle - \sum_{\mu=1}^{n} a_\mu \int_{-\infty}^{\infty} f^*(x) |\psi_\mu\rangle dx + a_\mu{}^* \int_{-\infty}^{\infty} f(x) |\psi_\mu\rangle^* dx$$

$$+ \sum_{\mu=1}^{n} \sum_{\nu=1}^{n} a_\mu{}^* a_\nu \int_{-\infty}^{\infty} |\psi_\mu\rangle^* |\psi_\nu\rangle dx$$

$$= \langle f|f \rangle - \sum_{\mu=1}^{n} (a_\mu \langle f|\psi_\mu \rangle + a_\mu{}^* \langle \psi_\mu|f \rangle) + \sum_{\mu=1}^{n} \sum_{\nu=1}^{n} a_\mu{}^* a_\nu \langle \psi_\mu|\psi_\nu \rangle)$$

$$= ||f\rangle|^2 - \sum_{\mu=1}^{n} (a_\mu \langle f|\psi_\mu \rangle + a_\mu{}^* \langle \psi_\mu|f \rangle) + \sum_{\mu=1}^{n} \sum_{\nu=1}^{n} a_\mu{}^* a_\nu \langle \psi_\mu|\psi_\nu \rangle)$$

ところで，$\langle \psi_\mu|\psi_\nu \rangle = \delta_{\mu\nu}$ より，

$$(与式) \ = ||f\rangle|^2 - \sum_{\mu=1}^{n} (a_\mu \langle f|\psi_\mu \rangle + a_\mu{}^* \langle \psi_\mu|f \rangle)$$

$$+ \sum_{\mu=1}^{n} \sum_{\nu=1}^{n} a_\mu{}^* a_\nu \delta_{\mu\nu}$$

さらに，$c_\mu = \langle \psi_\mu|f \rangle = \langle f|\psi_\mu \rangle^*$ とおくと，

$$(与式) = ||f\rangle|^2 - \sum_{\mu=1}^{n} (a_\mu c_\mu{}^* + a_\mu{}^* c_\mu) + \sum_{\mu=1}^{n} \sum_{\nu=1}^{n} a_\mu{}^* a_\nu \delta_{\mu\nu}$$

$$= ||f\rangle|^2 - \sum_{\mu=1}^{n} (a_\mu c_\mu{}^* + a_\mu{}^* c_\mu) + \sum_{\mu=1}^{n} |a_\mu|^2$$

$$= ||f\rangle|^2 + \sum_{\mu=1}^{n} (|a_\mu|^2 - a_\mu c_\mu{}^* - a_\mu{}^* c_\mu)$$

ここで，$|c_\mu|^2 - |c_\mu|^2 = 0$ を加えると，

$$
\begin{aligned}
(\text{与式}) &= ||f\rangle|^2 + \sum_{\mu=1}^{n}(|a_\mu|^2 - a_\mu c_\mu{}^* - a_\mu{}^* c_\mu + |c_\mu|^2 - |c_\mu|^2) \\
&= ||f\rangle|^2 + \sum_{\mu=1}^{n}(|a_\mu - c_\mu|^2 - |c_\mu|^2) \\
&= ||f\rangle|^2 + \sum_{\mu=1}^{n}|a_\mu - c_\mu|^2 - \sum_{\mu=1}^{n}|c_\mu|^2
\end{aligned}
$$

以上より，

$$
\int_{-\infty}^{\infty}\left|f(x) - \sum_{k=1}^{n}a_k|\psi_k\rangle\right|^2 dx = ||f\rangle|^2 + \sum_{\mu=1}^{n}|a_\mu - c_\mu|^2 - \sum_{\mu=1}^{n}|c_\mu|^2
$$

この式は，$a_\mu = c_\mu$ のとき最小であり，また，左辺が2乗の積分なので負となることはない．したがって，

$$
\int_{-\infty}^{\infty}\left|f(x) - \sum_{k=1}^{n}a_k|\psi_k\rangle\right|^2 dx = ||f\rangle|^2 - \sum_{\mu=1}^{n}|c_\mu|^2 \geq 0
$$

$$
\therefore \quad ||f\rangle|^2 \geq \sum_{\mu=1}^{n}|c_\mu|^2
$$

となる．この不等式をベッセルの不等式という．

ところで，n を限りなく大きくした場合，

$$
\lim_{n\to\infty}\int_{-\infty}^{\infty}\left|f(x) - \sum_{k=1}^{n}a_k|\psi_k\rangle\right|^2 dx = 0
$$

となる．この式の意味するところは，「正規直交系 $\{|\psi_k\rangle\}$ は，$f(x)$ に対して完備 (complete) である」ということである．また，

$$
\lim_{n\to\infty}\int_{-\infty}^{\infty}\left|f(x) - \sum_{k=1}^{n}a_k|\psi_k\rangle\right|^2 dx = ||f\rangle|^2 - \sum_{\mu=1}^{\infty}|c_\mu|^2 = 0 \quad \cdots \text{①}
$$

より，

$$
||f\rangle|^2 = \sum_{\mu=1}^{\infty}|c_\mu|^2
$$

となる．この式をパーセバルの等式という．

また，①の (左辺)$= 0$ より，積分の中が 0 になるので，

$$f(x) = \sum_{k=1}^{\infty} a_k |\psi_k\rangle$$

と書くこともできる．このような性質をもつ $|\psi_k\rangle$ をヒルベルト空間という．

エルミート演算子を $\hat{T}$ とすると，単ベクトル (基底)$\{|\psi_1\rangle, |\psi_2\rangle, \cdots, |\psi_n\rangle\}$ について，

$$T_{ij} = \langle \psi_i | \hat{T} | \psi_j \rangle = \int \psi_i^* \hat{T} \psi_j dx = \langle \psi_i | \hat{T} \psi_j \rangle$$

また，

$$T_{ij} = \int \psi_i^* \hat{T} \psi_j dx = \int \left(\hat{T} \psi_i \right)^* \psi_j = \langle \hat{T} \psi_i | \psi_j \rangle$$

となるので，エルミート演算子は，

$$\langle \psi_i | \hat{T} \psi_j \rangle = \langle \hat{T} \psi_i | \psi_j \rangle$$

を満たす．

また，エルミート演算子 $\hat{T}$ が，実数の固有値をもつとき，異なる固有ベクトルは直交することを用いると，エルミート演算子の対角化ができる．

$\hat{T}|\psi_i\rangle = \lambda_i |\psi_i\rangle$ となる固有値と正規化した固有ベクトルを考え，この成分で行列 P を表すと，

$$P = \begin{pmatrix} V_1{}^1 & V_2{}^1 & \cdots & V_n{}^1 \\ V_1{}^2 & V_2{}^2 & \cdots & V_n{}^2 \\ \vdots & \vdots & \ddots & \vdots \\ V_1{}^n & V_2{}^n & \cdots & V_n{}^n \end{pmatrix}$$

と書ける．行列 P のエルミート共役 $P^\dagger$ を右から掛けると，

$$P^\dagger P = \begin{pmatrix} V^*{}_1{}^1 & V^*{}_1{}^2 & \cdots & V^*{}_1{}^n \\ V^*{}_2{}^1 & V^*{}_2{}^2 & \cdots & V^*{}_2{}^n \\ \vdots & \vdots & \ddots & \vdots \\ V^*{}_n{}^1 & V^*{}_n{}^2 & \cdots & V^*{}_n{}^n \end{pmatrix} \begin{pmatrix} V_1{}^1 & V_2{}^1 & \cdots & V_n{}^1 \\ V_1{}^2 & V_2{}^2 & \cdots & V_n{}^2 \\ \vdots & \vdots & \ddots & \vdots \\ V_1{}^n & V_2{}^n & \cdots & V_n{}^n \end{pmatrix}$$

$$= \begin{pmatrix} 1 & 0 & \cdots & 0 \\ 0 & 1 & \cdots & 0 \\ \vdots & \vdots & \ddots & \vdots \\ 0 & 0 & \cdots & 1 \end{pmatrix}$$

となることから，$P^\dagger = P^{-1}$ であり，P はユニタリー行列であることがわかる．$\hat{T}|\psi_i\rangle = \lambda_i|\psi_i\rangle$ より，

$$\hat{T}P = \begin{pmatrix} \lambda_1 V_1{}^1 & \lambda_2 V_2{}^1 & \cdots & \lambda_n V_n{}^1 \\ \lambda_1 V_1{}^2 & \lambda_2 V_2{}^2 & \cdots & \lambda_n V_n{}^2 \\ \vdots & \vdots & \ddots & \vdots \\ \lambda_1 V_1{}^n & \lambda_2 V_2{}^n & \cdots & \lambda_n V_n{}^n \end{pmatrix}$$

となる．さらに左から $P^\dagger = P^{-1}$ を掛けると，

$$P^{-1}\hat{T}P = P^\dagger \hat{T}P$$

$$= \begin{pmatrix} V^*_1{}^1 & V^*_1{}^2 & \cdots & V^*_1{}^n \\ V^*_2{}^1 & V^*_2{}^2 & \cdots & V^*_2{}^n \\ \vdots & \vdots & \ddots & \vdots \\ V^*_n{}^1 & V^*_n{}^2 & \cdots & V^*_n{}^n \end{pmatrix} \begin{pmatrix} \lambda_1 V_1{}^1 & \lambda_2 V_2{}^1 & \cdots & \lambda_n V_n{}^1 \\ \lambda_1 V_1{}^2 & \lambda_2 V_2{}^2 & \cdots & \lambda_n V_n{}^2 \\ \vdots & \vdots & \ddots & \vdots \\ \lambda_1 V_1{}^n & \lambda_2 V_2{}^n & \cdots & \lambda_n V_n{}^n \end{pmatrix}$$

$$= \begin{pmatrix} \lambda_1 & 0 & \cdots & 0 \\ 0 & \lambda_2 & \cdots & 0 \\ \vdots & \vdots & \ddots & \vdots \\ 0 & 0 & \cdots & \lambda_n \end{pmatrix}$$

という結果を得る．この操作をエルミート演算子の対角化という．

エルミート演算子の固有ベクトルを使ってユニタリー行列を作り，これを用いてもとのエルミート演算子を変換すると，その行列の成分は，固有値が対角に現れる．

第11章

フーリエ変換と
ラプラス変換

□ 11.1 フーリエ級数による展開

振動や波動現象は，複雑な様相を呈しても，周期的な現象であれば，周期関数を使って表現できる．特に，周期関数を三角関数の級数で表したものをフーリエ級数という．

正弦波を，周波数 (周期) を変えて加え合わせると，いろいろな波形をある程度自由に作り出せる．逆に，ある波形はいくつかの正弦波に分解することができる．

一般に関数 $f(x)$ が，すべての x に対して，

$$f(x + T) = f(x)$$

となる正の定数 T をもつ場合，この関数は周期的であるといい，$f(x)$ を周期関数，T を周期という．周期関数は，図 11.1 のように時間の長さが周期 T の任意の区間のグラフの繰り返しとなる．したがって，n を整数とすると，

$$f(x + nT) = f(x) \quad (n = 1, 2, \cdots)$$

が成り立ち，$2T, 3T, \cdots$ も周期といえる．三角関数は，その代表的なもの

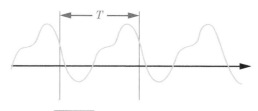

図 11.1　周期 T の任意の関数

である.

関数 $f(x)$ は，次のようにサインとコサインの級数で書けることが知られている.

$$f(x) = \frac{a_0}{2} + a_1 \cos x + a_2 \cos 2x + a_3 \cos 3x + \cdots$$
$$+ b_1 \sin x + b_2 \sin 2x + b_3 \sin 3x + \cdots$$

なお，$\dfrac{a_0}{2}$ としているのは，計算をしやすくするためである．Σ を使って書くと，

$$f(x) = \frac{a_0}{2} + \sum_{n=1}^{\infty} (a_n \cos nx + b_n \sin nx) \quad \cdots ①$$

となる．この級数をフーリエ級数という.

さて，$f(x)$ から，係数 a_n, b_n を求める.

三角関数 $\sin nx$, $\cos nx$ とそれらの積の積分は以下の通りである.

m が正の整数または 0 のとき，

$$\int_{-\pi}^{\pi} \cos mx\,dx = \begin{cases} 2\pi & (m=0) \\ 0 & (m=1,2,\cdots) \end{cases} \quad \cdots ②$$

$$\int_{-\pi}^{\pi} \sin mx\,dx = 0 \quad (m=1,2,\cdots) \quad \cdots ③$$

である．また，m, n を正の整数とすると，

$$\int_{-\pi}^{\pi} \sin mx \cos nx\,dx = 0 \quad \cdots ④$$

$$\int_{-\pi}^{\pi} \cos mx \cos nx\,dx = \begin{cases} \pi & (m=n) \\ 0 & (m \neq n) \end{cases} \quad \cdots ⑤$$

$$\int_{-\pi}^{\pi} \sin mx \sin nx\,dx = \begin{cases} \pi & (m=n) \\ 0 & (m \neq n) \end{cases} \quad \cdots ⑥$$

④は，積和公式 $\sin A \cos B = \dfrac{\sin(A+B) + \sin(A-B)}{2}$ を使えば，③より明らかである．⑤において，$m=n$ のときは，倍角の公式を使って，

$$\int_{-\pi}^{\pi} \cos^2 mx\,dx = \frac{1}{2} \int_{-\pi}^{\pi} (1 + \cos 2mx)dx$$

$$= \frac{1}{2}\left[x + \frac{1}{2m}\sin 2mx\right]_{-\pi}^{\pi}$$
$$= \pi$$

$m \neq n$ ならば，積和公式を使って，

$$\int_{-\pi}^{\pi}\cos mx\cos nxdx$$
$$= \frac{1}{2}\int_{-\pi}^{\pi}\{\cos(m+n)x + \cos(m-n)x\}\,dx$$
$$= \frac{1}{2}\left[\frac{1}{(m+n)}\sin(m+n)x + \frac{1}{(m-n)}\sin(m-n)x\right]_{-\pi}^{\pi}$$
$$= 0$$

⑥も，⑤の証明と同様である．

それでは，①の係数 a_n, b_n を求めてみよう．①の両辺に $\cos mx (m = 0, 1, \cdots)$ を掛けて，x について，$-\pi$ から π まで積分すると，

$$\int_{-\pi}^{\pi}f(x)\cos mxdx$$
$$= \frac{a_0}{2}\int_{-\pi}^{\pi}\cos mxdx$$
$$+ \sum_{n=1}^{\infty}\left\{a_n\int_{-\pi}^{\pi}\cos mx\cos nxdx + b_n\int_{-\pi}^{\pi}\cos mx\sin nxdx\right\}$$

ここで $m = 0$ ならば，右辺は第 1 項だけが残りその値は $a_0\pi$ となる．また，$m = 1, 2, \cdots$ ならば，第 1 項は②より 0 とわかる．{ } 内の積分は⑤と④から，初めのほうの積分が $m = n$ のときだけ残り，$a_m\pi$ となる．

$$\int_{-\pi}^{\pi}f(x)\cos mxdx = a_m\pi \quad (m = 0, 1, 2, \cdots)$$

よって，

$$a_n = \frac{1}{\pi}\int_{-\pi}^{\pi}f(x)\cos nxdx \quad (n = 0, 1, \cdots)$$

次に b_n について，①の両辺に $\sin mx \quad (m = 1, 2, \cdots)$ を掛けて，x について $-\pi$ から π まで積分する．

$$\int_{-\pi}^{\pi}f(x)\sin mxdx$$

$$= \frac{a_0}{2} \int_{-\pi}^{\pi} \sin mx dx$$

$$+ \sum_{n=1}^{\infty} \left\{ a_n \int_{-\pi}^{\pi} \sin mx \cos nx dx + b_n \int_{-\pi}^{\pi} \sin mx \sin nx dx \right\}$$

右辺の第1項は，③より0である．また，{　　}内の積分は④と⑥より，2番目の積分で $m = n$ の項だけが0でない．したがって右辺は，$b_m \pi$ となる．

$$\int_{-\pi}^{\pi} f(x) \sin mx dx = b_m \pi \quad (m = 0, 1, \cdots)$$

よって，

$$b_n = \frac{1}{\pi} \int_{-\pi}^{\pi} f(x) \sin nx dx \quad (n = 0, 1, 2, \cdots)$$

となる．a_n と b_n を，フーリエ係数といい，再掲するが，①で表せる級数を，フーリエ級数という．

$$f(x) = \frac{a_0}{2} + \sum_{n=1}^{\infty} (a_n \cos nx + b_n \sin nx) ①$$

$$a_n = \frac{1}{\pi} \int_{-\pi}^{\pi} f(x) \cos nx dx \quad (n = 0, 1, 2, \cdots)$$

$$b_n = \frac{1}{\pi} \int_{-\pi}^{\pi} f(x) \sin nx dx \quad (n = 0, 1, 2, \cdots)$$

ところで，もう少し簡単に導ける方法も紹介しよう．積分区間も応用例として，$0 < x < 2\pi$ とする．$\int_0^{2\pi} f(x) \cos mx dx$ において，$g(x) = \cos mx$ $(m = 1, 2, \cdots)$ とおいてみると，

$$\int_0^{2\pi} f(x) g(x) dx$$

と書ける．これを計算してみると，

$$\int_0^{2\pi} \left\{ \frac{a_0}{2} + \sum_{n=1}^{\infty} (a_n \cos nx + b_n \sin nx) \right\} \cos mx dx$$

$$= \int_0^{2\pi} \frac{a_0}{2} \cos mx dx + \sum_{n=1}^{\infty} \int_0^{2\pi} (a_n \cos nx \cos mx + b_n \sin nx \cos mx) dx$$

ここで，

$$\int_0^{2\pi} \cos mx\, dx = \begin{cases} 2\pi & (m = 0) \\ 0 & (m = 1, 2, \cdots) \end{cases}$$

$$\int_0^{2\pi} \sin nx \cos mx\, dx = 0$$

$$\int_{-\pi}^{\pi} \cos nx \cos mx\, dx = \begin{cases} \pi & (m = n) \\ 0 & (m \neq n) \end{cases}$$

なので,

$$\int_0^{2\pi} f(x)g(x)dx = 0 + \{0 + \cdots + 0 + a_m\pi + 0 + \cdots\}$$
$$= a_m\pi$$

となる. よって,

$$a_m = \frac{1}{\pi} \int_0^{2\pi} f(x)g(x)dx = \frac{1}{\pi} \int_0^{2\pi} f(x) \cos mx\, dx$$

同様に, $g(x) = \sin mx \ (m = 0, 1, \cdots)$ とおいてみると,

$$\int_0^{2\pi} \{\frac{a_0}{2} + \sum_{n=1}^{\infty}(a_n \cos nx + b_n \sin nx)\} \sin mx\, dx$$
$$= \int_0^{2\pi} \frac{a_0}{2} \sin mx\, dx + \sum_{n=1}^{\infty} \int_0^{2\pi} (a_n \cos nx \sin mx + b_n \sin nx \sin mx)dx$$

ここで,

$$\int_0^{2\pi} \sin mx\, dx = 0, \quad \int_0^{2\pi} \cos nx \sin mx\, dx = 0$$

$$\int_{-\pi}^{\pi} \sin nx \sin mx\, dx = \begin{cases} \pi & (m = n) \\ 0 & (m \neq n) \end{cases}$$

なので,

$$\int_0^{2\pi} f(x)g(x)dx = 0 + \{0 + \cdots + 0 + b_m\pi + 0 + \cdots\}$$
$$= b_m\pi$$

となる. よって,

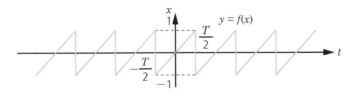

図 11.2 のこぎり波

$$b_m = \frac{1}{\pi}\int_0^{2\pi} f(x)g(x)dx = \frac{1}{\pi}\int_0^{2\pi} f(x)\sin mx\, dx$$

以上，同様の結果が得られた．

例えば，図 11.2 のような，のこぎり歯状の波をフーリエ級数で表すと，

$$f(t) = \frac{2}{\pi}\left\{\sin\omega t - \frac{1}{2}\sin 2\omega t + \cdots + \frac{(-1)^{n-1}}{n}\sin n\omega t + \cdots\right\}$$

と書ける．

問題1　$-\pi < x < \pi$ で定義された $f(x) = x^2$ のフーリエ級数展開が

$$x^2 = \frac{\pi^2}{3} - 4\left(\frac{\cos x}{1^2} - \frac{\cos 2x}{2^2} + \frac{\cos 3x}{3^2} - \cdots\right)$$

となることを示せ．

 解答

$$a_0 = \frac{1}{\pi}\int_{-\pi}^{\pi} x^2 dx = \frac{1}{\pi}\left[\frac{x^3}{3}\right]_{-x}^{x} = \frac{2\pi^2}{3}$$

$$\begin{aligned}
a_m &= \frac{1}{\pi}\int_{-\pi}^{\pi} x^2 \cos mx\, dx \\
&= \frac{1}{\pi}\left\{\left[\frac{x^2\sin mx}{m}\right]_{-\pi}^{\pi} - \frac{2}{m}\int_{-\pi}^{\pi} x\sin mx\, dx\right\} \\
&= \frac{1}{\pi}\left\{\frac{2}{m}\left[\frac{x\cos mx}{m}\right]_{-\pi}^{\pi} - \frac{2}{m^2}\int_{-\pi}^{\pi}\cos mx\, dx\right\} \\
&= \frac{4}{m^2\pi}\pi\cos m\pi \\
&= (-1)^m \frac{4}{m^2} \quad (m = 1, 2, \cdots)
\end{aligned}$$

$$b_m = \frac{1}{\pi} \int_{-\pi}^{\pi} x^2 \sin mx \, dx = 0$$

ここで,

$$f(x) = \frac{a_0}{2} + \sum_{m=1}^{\infty} (a_m \cos mx + b_m \sin mx)$$

に, a_m と b_m を代入すると,

$$f(x) = \frac{\pi^2}{3} + \sum_{m=1}^{\infty} \left(\frac{4}{m^2 \pi} \pi \cos m\pi \cdot \cos mx \right)$$

$$= \frac{\pi^2}{3} - 4 \left(\frac{\cos x}{1^2} - \frac{\cos 2x}{2^2} + \frac{\cos 3x}{3^2} - \cdots \right) \quad ■$$

□ 11.2 周期 $2L$ の振動の場合

周期 $2L$ の関数 $f(x)$ を考えてみる.

$$f(x) = \frac{a_0}{2} + a_1 \cos \frac{\pi x}{L} + a_2 \cos \frac{2\pi x}{L} + a_3 \cos \frac{3\pi x}{L} + \cdots$$
$$+ b_1 \sin \frac{\pi x}{L} + b_2 \sin \frac{2\pi x}{L} + b_3 \sin \frac{3\pi x}{L} + \cdots$$

すなわち,

$$f(x) = \frac{a_0}{2} + \sum_{n=1}^{\infty} \left(a_n \cos \frac{n\pi x}{L} + b_n \sin \frac{n\pi x}{L} \right) \quad \cdots ①$$

となる. このとき前節と同様に, $f(x)$ から係数 a_n, b_n を求める.

三角関数 $\sin \frac{n\pi x}{L}$, $\cos \frac{n\pi x}{L}$ とそれらの積の積分は以下の通りである.
m が正の整数または 0 のとき,

$$\int_{-L}^{L} \cos \frac{m\pi x}{L} dx = \begin{cases} 2L & (m = 0) \\ 0 & (m = 1, 2, \cdots) \end{cases} \quad \cdots ②$$

$$\int_{-L}^{L} \sin \frac{m\pi x}{L} dx = 0 \quad (m = 0, 1, \cdots) \quad \cdots ③$$

である. また, m, n を正の整数とすると,

$$\int_{-L}^{L} \sin \frac{m\pi x}{L} \cos \frac{n\pi x}{L} dx = 0 \quad \cdots ④$$

$$\int_{-L}^{L} \cos\frac{m\pi x}{L}\cos\frac{n\pi x}{L}dx = \begin{cases} L & (m=n) \\ 0 & (m\neq n) \end{cases} \quad \cdots ⑤$$

$$\int_{-L}^{L} \sin\frac{m\pi x}{L}\sin\frac{n\pi x}{L}dx = \begin{cases} L & (m=n) \\ 0 & (m\neq n) \end{cases} \quad \cdots ⑥$$

④は，積和公式 $\sin A\cos B = \dfrac{\sin(A+B)+\sin(A-B)}{2}$ を使えば，③より明らかである．⑤において，$m=n$ のときは，倍角の公式を使って，

$$\begin{aligned}
\int_{-L}^{L} \cos^2\frac{m\pi x}{L}dx &= \frac{1}{2}\int_{-L}^{L}(1+\cos\frac{2m\pi}{L}x)dx \\
&= \frac{1}{2}\left[x + \frac{L}{2m\pi}\sin\frac{2m\pi}{L}x\right]_{-L}^{L} \\
&= L
\end{aligned}$$

$m\neq n$ ならば，積和公式を使って，

$$\begin{aligned}
&\int_{-L}^{L} \cos\frac{m\pi x}{L}\cos\frac{n\pi x}{L}dx \\
&= \frac{1}{2}\int_{-L}^{L}\left\{\cos\frac{(m+n)\pi}{L}x + \cos\frac{(m-n)\pi}{L}x\right\}dx \\
&= \frac{1}{2}\left[\frac{L}{(m+n)\pi}\sin\frac{(m+n)\pi}{L}x + \frac{L}{(m-n)\pi}\sin\frac{(m-n)\pi}{L}x\right]_{-L}^{L} \\
&= 0
\end{aligned}$$

⑥でも，⑤の証明と同様である．

①の係数 a_n, b_n を求める．①の両辺に $\cos\dfrac{m\pi x}{L}$ $(m=0,1,\cdots)$ を掛けて，x について，$-L$ から L まで積分すると，

$$\begin{aligned}
&\int_{-L}^{L} f(x)\cos\frac{m\pi x}{L}dx \\
&= \frac{a_0}{2}\int_{-L}^{L}\cos\frac{m\pi x}{L}dx + \\
&\quad + \sum_{n=1}^{\infty}\left\{a_n\int_{-L}^{L}\cos\frac{m\pi x}{L}\cos\frac{n\pi x}{L}dx + b_n\int_{-L}^{L}\cos\frac{m\pi x}{L}\sin\frac{n\pi x}{L}dx\right\}
\end{aligned}$$

ここで $m=0$ ならば，右辺は第1項だけが残りその値は $a_0 L$ となる．また，$m=1,2,\cdots$ ならば，第1項は②より 0 とわかる．$\{\quad\}$ 内の積分は④と

⑤から，初めのほうの積分が $m = n$ のときだけ残り，$a_m L$ となる．

$$\int_{-L}^{L} f(x) \cos \frac{m\pi x}{L} dx = a_m L \quad (m = 0, 1, \cdots)$$

よって，

$$a_n = \frac{1}{L} \int_{-L}^{L} f(x) \cos \frac{n\pi x}{L} dx \quad (n = 0, 1, \cdots)$$

次に b_n について，①の両辺に $\sin \frac{m\pi x}{L} (m = 1, 2, \cdots)$ を掛けて，x について $-L$ から L まで積分する．

$$\int_{-L}^{L} f(x) \sin \frac{m\pi x}{L} dx$$
$$= \frac{a_0}{2} \int_{-L}^{L} \sin \frac{m\pi x}{L} dx$$
$$+ \sum_{n=1}^{\infty} \left\{ a_n \int_{-L}^{L} \sin \frac{m\pi x}{L} \cos \frac{n\pi x}{L} dx + b_n \int_{-L}^{L} \sin \frac{m\pi x}{L} \sin \frac{n\pi x}{L} dx \right\}$$

右辺の第 1 項は，③より 0 である．また，{ } 内の積分は④と⑥より，2 番目の積分で $m = n$ の項だけが 0 でない．したがって右辺は，$b_m L$ となる．

$$\int_{-L}^{L} f(x) \sin \frac{m\pi x}{L} dx = b_m L \quad (m = 0, 1, \cdots)$$

よって，

$$b_n = \frac{1}{L} \int_{-L}^{L} f(x) \sin \frac{n\pi x}{L} dx \quad (n = 0, 1, \cdots)$$

よって，フーリエ級数は，以下のようになる．

$$f(x) = \frac{a_0}{2} + \sum_{n=1}^{\infty} \left(a_n \cos \frac{n\pi x}{L} + b_n \sin \frac{n\pi x}{L} \right)$$

☐ 11.3 フーリエ変換

フーリエ変換とは，時間 t の関数 $f(t)$ を，角周波数 ω の関数 $F(\omega)$ に移す変換といってもよい．

いま，角周波数 ω_0 の正弦波を時間関数 $f(t)$ と考えると，複素数を用いて

$$f(t) = A e^{i\omega_0 t}$$

と表せる．オイラーの定理より

$$e^{i\omega_0 t} = \cos\omega_0 t + i\sin\omega_0 t$$

$$\cos\omega_0 t = \frac{e^{i\omega_0 t} + e^{-i\omega_0 t}}{2}$$

$$\sin\omega_0 t = \frac{e^{i\omega_0 t} - e^{-i\omega_0 t}}{2i}$$

であるから，これらを用いてフーリエ級数を書き直すと，

$$f(t) = \frac{a_0}{2} + \sum_{n=1}^{\infty}(a_n\frac{e^{in\omega_0 t} + e^{-in\omega_0 t}}{2} + b_n\frac{e^{in\omega_0 t} - e^{-in\omega_0 t}}{2i})$$

$$= \frac{a_0}{2} + \sum_{n=1}^{\infty}(\frac{a_n - ib_n}{2}e^{in\omega_0 t} + \frac{a_n + ib_n}{2}e^{-in\omega_0 t})$$

ここで，複素数を次のように定義する．

$$c_n = \begin{cases} \dfrac{a_n - ib_n}{2} & (n \geq 1) \\ \dfrac{a_0}{2} & (n = 0) \\ \dfrac{a_{-n} + ib_{-n}}{2} & (n \leq -1) \end{cases}$$

以上より，

$$f(t) = \sum_{n=-\infty}^{\infty} c_n e^{in\omega_0 t} \quad \cdots ①$$

と書ける．周期を $2L = T$ とすると，

$$c_n = \frac{1}{T}\int_{-\frac{T}{2}}^{\frac{T}{2}} f(t)e^{-in\omega_0 t}dt$$

となる．c_n は複素フーリエ係数という．実際に，c_n を計算する場合は，実部と虚部にわけて積分する．なお c_n は，スペクトルとよばれるものである．

$$c_n = \frac{1}{T}\int_{-\frac{T}{2}}^{\frac{T}{2}} f(t)\cos n\omega_0 t\,dt - i\frac{1}{T}\int_{-\frac{T}{2}}^{\frac{T}{2}} f(t)\sin n\omega_0 t\,dt$$

ところで，

$$\omega_n = n\omega_0$$

$$c_n = \frac{F(\omega_n)}{T} \qquad (T = \frac{2\pi}{\omega})$$

とおくと, ①は

$$f(t) = \sum_{n=-\infty}^{\infty} \frac{F(\omega_n)}{T} e^{i\omega_n t}$$

$$= \frac{\omega_0}{2\pi} \sum_{n=-\infty}^{\infty} F(\omega_n) c^{i\omega_n t}$$

および

$$F(\omega_n) = \int_{-\frac{T}{2}}^{\frac{T}{2}} f(t) e^{-i\omega_n t} dt$$

となる. ここで, $T \to \infty$ とすると, $\omega_0 (= \frac{2\pi}{T}) \to 0$ となるので, Σ が積分となって

$$f(t) = \frac{1}{2\pi} \int_{-\infty}^{\infty} F(\omega) e^{i\omega t} d\omega \quad (\text{フーリエ逆変換})$$

となる. また,

$$F(\omega) = \int_{-\infty}^{\infty} f(t) e^{-i\omega t} dt \quad (\text{フーリエ変換})$$

☐ 11.4 矩形波
- -

図 11.3 のような矩形波 $f(x)$ を, 次のように与える.

$$f(x) = \begin{cases} 0 & (0 \leq x \leq \pi) \\ 1 & (\pi \leq x \leq 2\pi) \end{cases}$$

これをフーリエ展開してみよう. $f(x) = \dfrac{a_0}{2} + \displaystyle\sum_{n=1}^{\infty}(a_n \cos nx + b_n \sin nx)$ と比較して, a_n や b_n を決定する.

$$a_n = \frac{1}{\pi} \int_0^{2\pi} f(x) \cos nx dx \quad (n = 0, 1, \cdots)$$

において,

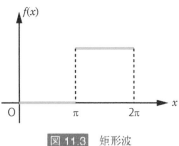

図 11.3 矩形波

$$a_n = \frac{1}{\pi} \int_0^\pi f(x) \cos nx dx + \frac{1}{\pi} \int_\pi^{2\pi} f(x) \cos nx dx$$

$$= \frac{1}{\pi} \int_0^\pi 0 \cdot \cos nx dx + \frac{1}{\pi} \int_\pi^{2\pi} 1 \cdot \cos nx dx$$

$$= 0 + \frac{1}{\pi} \int_\pi^{2\pi} \cos nx dx$$

$$= \frac{1}{\pi} \left[\frac{1}{n} \sin nx \right]_\pi^{2\pi}$$

$$= 0 \quad (n = 1, 2, \cdots)$$

また，$n = 0$ では，

$$a_0 = \frac{1}{\pi} \int_0^\pi 0 \cdot \cos 0 dx + \frac{1}{\pi} \int_\pi^{2\pi} 1 \cdot \cos 0 dx$$

$$= \frac{1}{\pi} \int_0^\pi 0 dx + \frac{1}{\pi} \int_\pi^{2\pi} 1 dx = 0 + 1$$

$$= 1 \quad (n = 0)$$

続いて，

$$b_n = \frac{1}{\pi} \int_0^{2\pi} f(x) \sin nx dx \quad (n = 1, 2, \cdots)$$

$$= \frac{1}{\pi} \int_0^\pi 0 \cdot \sin nx dx + \frac{1}{\pi} \int_\pi^{2\pi} 1 \cdot \sin nx dx$$

$$= \frac{1}{\pi} \int_\pi^{2\pi} \sin nx dx = \frac{1}{\pi} \left[-\frac{1}{n} \cos nx \right]_\pi^{2\pi}$$

$$= \begin{cases} 0 \quad (n \text{ が偶数}) \\ \frac{1}{\pi} \frac{1}{n} \cdot (-2) \quad (n \text{ が奇数}) \end{cases}$$

なので，$f(x) = \frac{a_0}{2} + \sum_{n=1}^{\infty} (a_n \cos nx + b_n \sin nx)$ に代入すると，

n=1　　　　　　　　n=3　　　　　　　　n=5

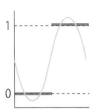 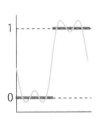 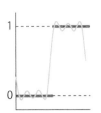

n=7　　　　　　　　n=9

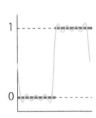 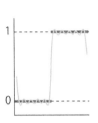

図 11.4　矩形波への合成

$$f(x) = \frac{1}{2} + \sum_{n=1}^{\infty} (b_n \sin nx)$$

$$\therefore \quad f(x) = \frac{1}{2} - \frac{2}{\pi}\sin x - \frac{2}{3\pi}\sin 3x - \frac{2}{5\pi}\sin 5x - \cdots$$

となる．グラフに表すと，図 11.4 のようになる．

□ 11.5　ラプラス変換

11.5.1　ラプラス変換

　関数 $f(t)$ が $t>0$ で定義されていて，次の積分 ($f(t)$ に e^{-st} を掛けて積分したもの) が存在するとき

$$\mathcal{L}[f(t)] = F(s) = \int_0^{\infty} e^{-st} f(t)\,dt \quad (s = \sigma + i\omega)$$

$F(s)$ を $f(t)$ のラプラス変換という．

　ラプラス変換は，フーリエ変換を拡張した変換といえる．ラプラス変換は，変数 t のある関数 $f(t)$ を，変数 s の関数 $F(s)$ に変換し，その変換式は上の式で定義され，$\mathcal{L}$ と表記される (この $\mathcal{L}$ は L のカリグラフィーフォントであ

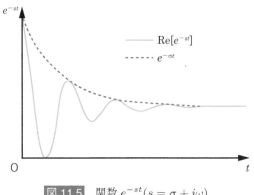

図 11.5 関数 $e^{-st}(s = \sigma + i\omega)$

る). このとき, t は実数を, s は複素数をとるので, 実関数から複素関数への変換ともいえる. s が純虚数の場合がフーリエ変換である. ラプラス変換の主な応用は微分方程式を解くことである.

ラプラス変換は, オリジナル関数に $e^{-st}(s = \sigma + i\omega)$ を掛けて積分する. $e^{-st}(s = \sigma + i\omega)$ は, 図 11.5 にみるように, t の増加とともに急激に減少するため, $f(t)$ が $t \to \infty$ で発散する関数であっても, 積分可能となることが大きな利点である. しかし, 逆に $t \to -\infty$ では e^{-st} が発散してしまうため, 積分範囲の下限を設定する必要がある. このことは, ある t までは $f(t) = 0$ であり, それより大きな t では, $f(t) \neq 0$ となる関数を考えることを意味する. 一般には, t として $t = 0$ を考える.

ラプラス変換では, $\mathcal{L}[f(t)] = F(s)$ とすると, 次の関係式が成立する.

$$\mathcal{L}[c_1 f_1(t) + c_2 f_2(t)] = c_1 \mathcal{L}[f_1(t)] + c_2 \mathcal{L}[f_2(t)]$$

$$\mathcal{L}[t f(t)] = -\frac{dF(s)}{ds}$$

$$\mathcal{L}[f(at)] = \frac{1}{a}F\left(\frac{s}{a}\right) \quad (a > 0)$$

$$\mathcal{L}[t^n f(t)] = (-1)^n \frac{d^n F(s)}{ds^n}$$

$$\mathcal{L}[e^{at} f(t)] = F(s - a)$$

$$\mathcal{L}[f'(t)] = F(s) - f(0)$$

$$\mathcal{L}\left[\int_0^t f(\tau)d\tau\right] = \frac{F(s)}{s}$$

$$\mathcal{L}\left[\frac{f(t)}{t}\right] = \int_s^\infty F(\sigma)d\sigma$$

表 11.1 ラプラス変換の公式

$f(t)$	$F(s)$	$f(t)$	$F(s)$
1	$\dfrac{1}{s}$	$\sin \omega t$	$\dfrac{\omega}{s^2 + \omega^2}$
t	$\dfrac{1}{s^2}$	$\cos \omega t$	$\dfrac{s}{s^2 + \omega^2}$
t^n	$\dfrac{n!}{s^{n+1}}$	$\sinh \omega t$	$\dfrac{\omega}{s^2 - \omega^2}$
e^{at}	$\dfrac{1}{s-a}$	$\cosh \omega t$	$\dfrac{s}{s^2 - \omega^2}$

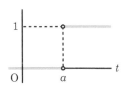

図 11.6 単位階級関数

$$\mathcal{L}[f^{(n)}(t)] = s^n F(s) - s^{n-1} f(0) - s^{n-2} f'(0) - \cdots - s f^{(n-2)}(0) - f^{(n-1)}(0)$$

等々である.

ところで, ラプラス積分の計算は概して煩雑なため, 直接計算するほうがうまくいく場合もある. また, 以下に示す変換表 11.1 を用いて積分結果を求めることもできる.

それでは, 具体的にラプラス変換を行ってみよう. まず, 関数 $U(t)$ を

$$U(t) = \begin{cases} 0 & (t < 0) \\ 1 & (t \geqq 0) \end{cases}$$

と定義するとき, $a \geqq 0$ とすると, 関数 $U(t - a)$ は次のようになる.

$$U(t - a) = \begin{cases} 0 & (t < a) \\ 1 & (t \geqq a) \end{cases}$$

この関数 $U(t - a)$ を単位階級関数という (図 11.6).

この関数のラプラス変換は,

$$\mathcal{L}[U(t - a)] = \int_0^\infty U(t - a) e^{-st} dt = \int_a^\infty e^{-st} dt$$
$$= \left[-\frac{1}{s} e^{-st} \right]_a^\infty = \frac{e^{-as}}{s}$$

$$\therefore \quad \mathcal{L}[U(t-a)] = \frac{e^{-as}}{s}$$

となる.

続いて,周期 T の関数 $(f(t+T) = f(t))$ について,ラプラス変換を行ってみよう.

ラプラス変換の積分区間を T でわけると,

$$\mathcal{L}[f(t)] = \int_0^\infty e^{-st} f(t)\, dt$$
$$= \int_0^T e^{-st} f(t)\, dt + \int_T^{2T} e^{-st} f(t)\, dt + \int_{2T}^{3T} e^{-st} f(t)\, dt + \cdots$$

それぞれの項で $t = u, t = u + T, t = u + 2T, \cdots$ とおくと,変数 u の積分区間はすべて $0 \leqq u \leqq T$ となる.周期関数より,$f(t + nt) = f(t)$ (n は整数) を満たすので,

$$\mathcal{L}[f(t)] = \int_0^T e^{-su} f(u)\, du + \int_0^T e^{-s(u+T)} f(u + T)\, du$$
$$+ \int_0^T e^{-s(u+2T)} f(u + 2T)\, du + \cdots$$
$$= \int_0^T e^{-su} f(u)\, du + e^{-sT} \int_0^T e^{-su} f(u)\, du$$
$$+ e^{-2sT} \int_0^T e^{-su} f(u)\, du + \cdots$$
$$= (1 + e^{-sT} + e^{-2sT} + \cdots) \int_0^T e^{-su} f(u)\, du$$

括弧の中は初項 1,公比 e^{-sT} の等比級数の和なので,$\dfrac{1}{1 - e^{-sT}}$ となり,周期 T の関数のラプラス変換は次のようなる.

$$\mathcal{L}[f(t)] = \frac{1}{1 - e^{-sT}} \int_0^T e^{-st} f(t)\, dt$$

問題 2　次のラプラス変換を求めよ.

(1) $f(t) = 1$

(2) $f(t) = t$

(3) $f(t) = e^t$

$(4) f(t) = \sin t$

$(5) \mathcal{L}[f(t)] = F(s)$ のとき, $\mathcal{L}[tf(t)] = -\dfrac{d}{ds}F(s)$

$(6) \mathcal{L}[\sin t] = \dfrac{1}{s^2 + 1}$ を用いて $\mathcal{L}[t \sin t]$

解答 (1) $\mathcal{L}[1] = \int_0^\infty e^{-st}dt$ は, $s \leqq 0$ のときは存在しない. $s > 0$ のとき,

$$
\begin{aligned}
\mathcal{L}[1] &= \int_0^\infty e^{-st}dt = \left[-\frac{1}{s}e^{-st} \right]_0^\infty = \frac{1}{s}\left(1 - \lim_{t \to \infty} e^{-st} \right) \\
&= \frac{1}{s}
\end{aligned}
$$

(2) $\mathcal{L}[t] = \int_0^\infty te^{-st}dt$ を部分積分すると, $s > 0$ のとき,

$$
\begin{aligned}
\mathcal{L}[t] &= \left[-\frac{t}{s}e^{-st} \right]_0^\infty + \frac{1}{s}\int_0^\infty e^{-st}dt = \frac{1}{s}\mathcal{L}[1] \\
&= \frac{1}{s^2}
\end{aligned}
$$

(3)

$$
\mathcal{L}[e^t] = \int_0^\infty e^{-st}e^t dt = \int_0^\infty e^{(1-s)t}dt
$$

$s > 1$ のとき,

$$
\begin{aligned}
\mathcal{L}[e^t] &= \left[\frac{1}{1-s}e^{(1-s)t} \right]_0^\infty \\
&= \frac{1}{s-1}
\end{aligned}
$$

$(4) s > 0$ のとき,

$$
\lim_{t \to \infty} e^{-st}\sin t = 0, \quad \lim_{t \to \infty} e^{-st}\cos t = 0
$$

である. $F(s) = \mathcal{L}[\sin t] = \int_0^\infty e^{-st}\sin t dt$ において部分積分を 2 回行うと,

$$
\begin{aligned}
F(s) &= [-e^{-st}\cos t]_0^\infty - s\int_0^\infty e^{-st}\cos t dt \\
&= 1 - s\left\{ [e^{-st}\sin t]_0^\infty + s\int_0^\infty e^{-st}\sin t dt \right\} \\
&= 1 - s^2 F(s)
\end{aligned}
$$

よって，

$$(1 + s^2)F(s) = 1$$

$$\therefore \quad \mathcal{L}[\sin t] = \frac{1}{s^2 + 1}$$

(5)　$\mathcal{L}[f(t)] = F(s) = \int_0^\infty e^{-st} f(t) dt$ を，s で微分すると，

$$\frac{d}{ds}F(s) = \int_0^\infty (-t)e^{-st} f(t) dt$$

ところで，上式の右辺は，$-\mathcal{L}[tf(t)]$ なので，

$$\mathcal{L}[tf(t)] = -\frac{d}{ds}F(s)$$

(6)　$\mathcal{L}[tf(t)] = -\frac{dF(s)}{ds}$ より，(4) の結果を用いると

$$\mathcal{L}[t \sin t] = -\frac{d}{ds}\left(\frac{1}{s^2 + 1}\right) = \frac{2s}{(s^2 + 1)^2} \quad \blacksquare$$

❖ 11.5.2　逆ラプラス変換

逆ラプラス変換は，ある関数 $F(s)$ を下の式のように，関数 $f(t)$ に変換することである．

$$f(t) = \lim_{\omega \to \infty} \int_{\sigma - i\omega}^{\sigma + i\omega} F(s)e^{st} ds$$

逆ラプラス変換は，$\mathcal{L}^{-1}$ と表記する．

t は実数で，s は複素数をとり $s = \sigma + i\omega$ である．積分経路は，$\omega \to \infty$ としたときの $s = \sigma - i\omega$ から $s = \sigma + i\omega$ までなので，虚数軸に沿った $[-\infty, \infty]$ の範囲となる．

逆ラプラス変換で行う積分はブロムウィッチ積分とよばれる複素数積分である．留数定理を活用すると，計算が容易になる．また，変換表 11.2 を用いてもよい．逆ラプラス変換は，ラプラス変換した関数にさらに逆ラプラス変換をするともとの関数に戻る．これを，

$$\mathcal{L}^{-1} \cdot \mathcal{L}[f(t)] = \mathcal{L}^{-1}[F(s)] = f(t)$$

または，

表 11.2 逆ラプラス変換の表

$F(s)$	$f(t)$	$F(s)$	$f(t)$
$\dfrac{1}{s}$	1	$\dfrac{1}{s^2+\omega^2}$	$\dfrac{\sin\omega t}{\omega}$
$\dfrac{1}{s^2}$	t	$\dfrac{s}{s^2+\omega^2}$	$\cos\omega t$
$\dfrac{1}{s^n}$	$\dfrac{t^{n-1}}{(n-1)!}$	$\dfrac{1}{s^2-\omega^2}$	$\dfrac{\sinh\omega t}{\omega}$
$\dfrac{1}{s-a}$	e^{at}	$\dfrac{s}{s^2-\omega^2}$	$\cosh\omega t$

$$\mathcal{L}^{-1}\cdot\mathcal{L}=1$$

と表す.

逆ラプラス変換では $\mathcal{L}^{-1}[F(s)]=f(t)$ とすると,次の関係式が成立する..

$$\mathcal{L}^{-1}[c_1F_1(s)+c_2F_2(s)]=c_1\mathcal{L}^{-1}[F_1(s)]+c_2\mathcal{L}^{-1}[F_2(s)]$$
$$\mathcal{L}^{-1}[F(at)]=\frac{1}{a}f(\frac{t}{a})$$
$$\mathcal{L}^{-1}[F(s-a)]=e^{at}\mathcal{L}^{-1}[F(s)]$$
$$\mathcal{L}^{-1}[F'(s)]=-t\mathcal{L}^{-1}[F(s)]$$
$$\mathcal{L}^{-1}[F^{(n)}(s)]=(-t)^n\mathcal{L}^{-1}[F(s)]$$

ラプラス変換の公式を逆に行うことにより,逆ラプラス変換の表 11.2 が得られる.

それでは,具体的に逆ラプラス変換を行ってみよう.

$P(s)$, $Q(s)$ は s の整式で,$P(s)$ の次数が $Q(s)$ の次数より低く,$Q(s)$ の因数分解が $Q(s)=C(s-a)^k(s-b)^l\cdots\{(s-c)^2+d^2\}^m\cdots$ (1 次式と判別式が負の 2 次式) となるとき,分数関数は,

$$F(s)=\frac{P(s)}{Q(s)}=\frac{A_1}{s-a}+\frac{A_2}{(s-a)^2}+\cdots+\frac{A_k}{(s-a)^k}$$
$$+\frac{B_1}{s-b}+\frac{B_2}{(s-b)^2}+\cdots+\frac{B_l}{(s-b)^l}$$
$$+\frac{C_1s+D_1}{(s-c)^2+d^2}+\frac{C_2s+D_2}{\{(s-c)^2+d^2\}^2}+\cdots+\frac{C_ms+D_m}{\{(s-c)^2+d^2\}^m}$$
$$+\cdots$$

のように部分分数分解される.

分母 $Q(s)$ を両辺に乗じて，s の恒等式となるように係数を決める．また，両辺に $(s-a)^k$ を乗じて，s で $(k-r)$ 階微分した後，$s=a$ とすると，係数 A_r だけが残る．よって，

$$A_r = \frac{1}{(k-r)!}\frac{d^{k-r}}{ds^{k-r}}\left\{(s-a)^k F(s)\right\}|_{s=a}$$

特に $k=1$ のとき $A_1 = (s-a)F(s)|_{s=a}$ となる．

$\dfrac{A_r}{(s-a)^r}$ の逆ラプラス変換は上の式から

$$\mathcal{L}^{-1}[F(s-a)] = e^{at}\mathcal{L}^{-1}[F(s)]$$

および

$$\mathcal{L}^{-1}\left[\frac{1}{s^n}\right] = \frac{t^{n-1}}{(n-1)!}$$

を使うと，

$$\mathcal{L}^{-1}\left[\frac{A_r}{(s-a)^r}\right] = A_r e^{at}\mathcal{L}^{-1}\left[\frac{1}{s^r}\right] = \frac{A_r}{(r-1)!}e^{at}t^{r-1}$$

と求められる．

また，$\dfrac{C_1 s + D_1}{(s-c)^2 + d^2}$ については，

$$\frac{C_1 s + D_1}{(s-c)^2 + d^2} = \frac{C_1(s-c)}{(s-c)^2 + d^2} + \frac{D_1 + C_1 s}{(s-c)^2 + d^2}$$

と変形し，

$$\mathcal{L}^{-1}[F(s-a)] = e^{at}\mathcal{L}^{-1}[F(s)]$$

と

$$\mathcal{L}^{-1}\left[\frac{s}{s^2 + \omega^2}\right] = \cos\omega t, \quad \mathcal{L}^{-1}\left[\frac{1}{s^2 + \omega^2}\right] = \frac{\sin\omega t}{\omega}$$

を使うと，

$$\mathcal{L}^{-1}\left[\frac{C_1 s + D_1}{(s-c)^2 + d^2}\right] = C_1 e^{ct}\cos dt + \frac{D_1 + C_1 c}{d}e^{ct}\sin dt$$

と求められる．

⊘ 問題3　次の逆ラプラス変換を求めよ.

$(1) F(s) = \dfrac{1}{s}$

$(2) F(s) = \dfrac{1}{s^2}$

$(3) F(s) = \dfrac{1}{s-3}$

$(4) F(s) = \dfrac{1}{(s+2)^3}$

💡 解答　$(1) \mathcal{L}^{-1}\left[\dfrac{1}{s}\right] = 1$

$(2) \mathcal{L}^{-1}\left[\dfrac{1}{s^2}\right] = t$

$(3) \mathcal{L}^{-1}[F(s-a)] = e^{at}\mathcal{L}^{-1}[F(s)]$ より，$F(s)=\frac{1}{s-3}$ については，

$$\mathcal{L}^{-1}\left[\frac{1}{s-3}\right] = e^{3t}\mathcal{L}^{-1}\left[\frac{1}{s}\right] = e^{3t}$$

(4)

$$\mathcal{L}^{-1}\left[\frac{1}{(s+2)^3}\right] = e^{-2t}\mathcal{L}^{-1}\left[\frac{1}{s^3}\right]$$
$$= e^{-2t}\frac{t^{3-1}}{(3-1)!} = e^{-2t}\frac{t^2}{2!}$$
$$= \frac{1}{2}t^2 e^{-2t} \quad ■$$

11.5.3　微分方程式への応用

1階の定数係数微分方程式

$$a_0 y' + a_1 y = f(x)$$

において，$\mathcal{L}[y(x)] = Y(s), \mathcal{L}[f(x)] = F(s)$ としてラプラス変換すると

$$a_0\{sY(s) - y(0)\} + a_1 Y(s) = F(s)$$

となり，$Y(s)$ について整理すると $(a_0 s + a_1)Y(s) = a_0 y(0) + F(s)$ となり，これを $Y(s)$ について解くと

$$Y(s) = \frac{a_0 y(0) + F(s)}{a_0 s + a_1}$$

この両辺の逆ラプラス変換を行うと，解 $y(x) = \mathcal{L}^{-1}[Y(s)]$ が求められる．

また，2階の定数係数微分方程式

$$a_0 y'' + a_1 y' + a_2 y = f(x)$$

において，$\mathcal{L}[y(x)] = Y(s), \mathcal{L}[f(x)] = F(s)$ としてラプラス変換すると

$$a_0\left\{s^2 Y(s) - sy(0) - y'(0)\right\} + a_1\left\{sY(s) - y(0)\right\} + a_2 Y(s) = F(s)$$

となり，$Y(s)$ について整理すると

$$(a_0 s^2 + a_1 s + a_2)Y(s) = a_0 y(0)s + \{a_0 y'(0) + a_1 y(0)\} + F(s)$$

となる．ここで $b_0 = a_0 y(0), b_1 = a_0 y'(0) + a_1 y(0)$ とすると，

$$(a_0 s^2 + a_1 s + a_2)Y(s) = b_0 s + b_1 + F(s)$$

これを $Y(s)$ について解くと

$$Y(s) = \frac{b_0 s + b_1 + F(s)}{a_0 s^2 + a_1 s + a_2}$$

この両辺の逆ラプラス変換を行うと，解 $y(x) = \mathcal{L}^{-1}[Y(s)]$ が求められる．

問題4 次の微分方程式を解け．

$$y'' + 2y' + y = e^{-x}$$

解答 $\mathcal{L}[y(x)] = Y(s)$ とする．$y'' + 2y' + y = e^x$ をラプラス変換すると，

$$\left\{s^2 Y(s) - sy(0) - y'(0)\right\} + 2\left\{sY(s) - y(0)\right\} + Y(s) = \frac{1}{s+1}$$

となる．ここで，$y(0) = a,\ y'(0) = b$ とおいて $Y(s)$ に代入すると，

$$\begin{aligned}Y(s) &= \frac{as + 2a + b}{(s+1)^2} + \frac{1}{(s+1)^3} \\ &= a\frac{s+2}{(s+1)^2} + b\frac{1}{(s+1)^2} + \frac{1}{(s+1)^3}\end{aligned}$$

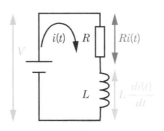

図 11.7　問題 5

$$= a\left\{\frac{1}{s+1} + \frac{1}{(s+1)^2}\right\} + b\frac{1}{(s+1)^2} + \frac{1}{(s+1)^3}$$
$$= \frac{a}{s+1} + \frac{a+b}{(s+1)^2} + \frac{1}{(s+1)^3}$$

となる．これを逆ラプラス変換すると，

$$\begin{aligned}
y(x) &= \mathcal{L}^{-1}[Y(s)] \\
&= a\mathcal{L}^{-1}\left[\frac{1}{s+1}\right] + (a+b)\mathcal{L}^{-1}\left[\frac{1}{(s+1)^2}\right] + \mathcal{L}^{-1}\left[\frac{1}{(s+1)^3}\right] \\
&= ae^{-x} + (a+b)xe^{-x} + \frac{1}{2}x^2e^{-x}
\end{aligned}$$

ここで，$C_1 = a$, $C_2 = a + b$ とおくと，求める解は，

$$y(x) = (C_1 + C_2 x + \frac{1}{2}x^2)e^{-x} \quad \blacksquare$$

 問題 5　図 11.7 のように自己誘導定数が L のコイル，電気抵抗が R の抵抗を起電力が V の電池に直列に接続した．$t = 0$ ときに V の電圧を掛けて電流を流し始めた．電流の時間変化 $i(t)$ を求めよ．

解答　オームの法則から微分方程式を立てると，

$$V = Ri(t) + L\frac{di(t)}{dt}$$

となる．この式をラプラス変換すると，

$$\mathcal{L}[V] = \mathcal{L}[Ri(t)] + \mathcal{L}\left[L\frac{di(t)}{dt}\right]$$

において，$\mathcal{L}[f'(t)] = F(s) - f(0)$ より，

$$\frac{V}{s} = RI(s) + LsI(s)$$

$$I(s)(R + Ls) = \frac{V}{s}$$

$$I(s) = \frac{V}{R}\left(\frac{1}{s} - \frac{1}{s + \frac{R}{L}}\right)$$

ここで逆ラプラス変換を行うと，

$$i(t) = \mathcal{L}^{-1}[I(s)]$$

$$= \frac{V}{R}\left(\mathcal{L}^{-1}\left[\frac{1}{s}\right] - \mathcal{L}^{-1}\left[\frac{1}{s + \frac{R}{L}}\right]\right)$$

$$= \frac{V}{R}(1 - e^{-\frac{R}{L}t})$$

となる．これは過渡現象を示している．$t \to \infty$ で，$i = \dfrac{V}{R}$ となる．■

第12章

特殊関数

特殊関数の明確な定義は存在しないが，何らかの名前や記法が定着している関数である．具体的には，ガンマ関数，ベッセル関数，ゼータ関数，楕円関数，ルジャンドル関数，超幾何関数，ラゲール多項式，エルミート多項式などがある．

ここでは，単振り子の振れ角が大きくなった場合に登場する楕円関数と，数式が階乗で表せることを示すガンマ関数について取り上げてみる．

□ 12.1 楕円関数

図 12.1 のような長さ L の単振り子が，微小角 θ で振れるときの運動方程式は，おもりの質量を m とし，重力加速度の大きさを g とすると，接線方向について

$$ma = -mg \sin \theta$$

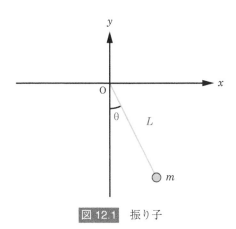

である. 変位は $dx = Ld\theta$ と表せるので, $a = \dfrac{d^2x}{xt^2} = L\dfrac{d^2\theta}{dt^2}$ となる. よって

$$\frac{d^2\theta}{dt^2} = -\frac{g}{L}\sin\theta \quad \cdots \text{①}$$

となる. $\sin\theta$ は,

$$\sin\theta = \theta - \frac{1}{3!}\theta^3 + \frac{1}{5!}\theta^5 - \frac{1}{7!}\theta^7 + \cdots$$

と展開でき, 微小振動の場合は, 第1項のみで近似して,

$$\sin\theta \fallingdotseq \theta$$

とするが, 振幅が大きくなると近似が使えなくなり, 楕円関数というものを用いる必要がある. それでは, まず, ①の両辺に $\dfrac{d\theta}{dt}$ を掛けてみよう.

$$\frac{d\theta}{dt}\frac{d^2\theta}{dt^2} = -\frac{g}{L}\sin\theta\frac{d\theta}{dt}$$

$\dfrac{d}{dt}(\dfrac{d\theta}{dt})^2 = 2\dfrac{d\theta}{dt}\dfrac{d^2\theta}{dt^2}$ より,

$$\frac{1}{2}\frac{d}{dt}(\frac{d\theta}{dt})^2 = -\frac{g}{L}\sin\theta\frac{d\theta}{dt}$$

両辺を積分すると,

$$(\frac{d\theta}{dt})^2 = 2\frac{g}{L}\cos\theta + C \quad \cdots \text{②}$$

ここで, 振り子の振り始めの角を θ_m とおくと

$$0 = 2\frac{g}{L}\cos\theta_m + C$$

$$\therefore \quad C = -2\frac{g}{L}\cos\theta_m$$

なので, ②は,

$$(\frac{d\theta}{dt})^2 = 2\frac{g}{L}\cos\theta - 2\frac{g}{L}\cos\theta_m$$
$$= 2\frac{g}{L}(\cos\theta - \cos\theta_m)$$

$\dfrac{d\theta}{dt} > 0$ の場合を考えると,

$$\frac{d\theta}{dt} = \sqrt{2\frac{g}{L}(\cos\theta - \cos\theta_m)}$$

としてよい. よって,

$$dt = \frac{d\theta}{\sqrt{2\dfrac{g}{L}(\cos\theta - \cos\theta_m)}} = \sqrt{\frac{L}{g}}\frac{d\theta}{\sqrt{2(\cos\theta - \cos\theta_m)}}$$

となる.

　一方, この式は, 力学的エネルギーを考えると, 簡単に導くことができる. 単振り子のもつ力学的エネルギー E は, 天井の位置を重力による位置エネルギーの基準とすると,

$$E = \frac{1}{2}mv^2 - mgL\cos\theta \quad \cdots ③$$

となる. $v = 0$ のとき, 単振り子の振幅は最大となるので, そのときの E は,

$$E = -mgL\cos\theta_m \quad \cdots ④$$

である. ところで, 単振り子の速度 v は時刻を t とすると,

$$v = L\left(\frac{d\theta}{dt}\right) \quad \cdots ⑤$$

エネルギーは保存するので, ①, ②③から v を消去すると,

$$\left(\frac{d\theta}{dt}\right)^2 = 2\frac{g}{L}(\cos\theta - \cos\theta_m)$$

が得られる. ここで,

$$\omega_0 = \sqrt{\frac{g}{L}} = 定数$$

とすると,

$$\frac{d\theta}{dt} = \omega_0\sqrt{2(\cos\theta - \cos\theta_m)}$$

となる. 振り子の周期 T は, おもりが往復する時間なので

第 12 章 特殊関数

$$t_m = \frac{1}{4}T$$

であり，よって

$$t_m = \int_0^{t_m} dt = \int_0^{\theta_m} \frac{d\theta}{\omega_0\sqrt{2(\cos\theta - \cos\theta_m)}} \quad \cdots ⑥$$

である．この式を積分するために，いくつかの準備をする．まず，分子の $d\theta$ を変形してみる．そのために，$k = \sin\frac{\theta_m}{2} = $ 定数 とおき，さらに，

$$\sin\frac{\theta}{2} = \sin\frac{\theta_m}{2}\sin\varphi \quad \cdots ⑦$$

とおいて，変数を θ から φ に変換する．このとき，$0 \leqq \theta_m \leqq \pi$ として，最大値 θ_m を $\theta_m = \pi$ とすると，$\sin\frac{\theta_m}{2} = \sin\frac{\theta_m}{2}\sin\varphi$ より，$\sin\varphi = 1$ となるので，$0 \leqq \varphi \leqq \frac{\pi}{2}$ である．さらに，⑦の両辺を φ で微分すると，

$$\frac{1}{2}\cos\frac{\theta}{2}\frac{d\theta}{d\varphi} = \sin\frac{\theta_m}{2}\cos\varphi = k\cos\varphi$$

$$\therefore \quad \frac{d\theta}{d\varphi} = 2\frac{\sin\frac{\theta_m}{2}\cos\varphi}{\cos\frac{\theta}{2}} = 2\frac{k\cos\varphi}{\cos\frac{\theta}{2}} \quad \cdots ⑧$$

また，⑦の両辺を 2 乗すると，

$$\sin^2\frac{\theta}{2} = \sin^2\frac{\theta_m}{2}\sin^2\varphi = 1 - \cos^2\frac{\theta}{2}$$

$$\therefore \quad \cos^2\frac{\theta}{2} = 1 - \sin^2\frac{\theta_m}{2}\sin^2\varphi = 1 - k^2\sin^2\varphi$$

よって，

$$\cos\frac{\theta}{2} = \sqrt{1 - k^2\sin^2\varphi}$$

これを⑧に代入すると，

$$d\theta = \frac{k\cos\varphi d\varphi}{\frac{1}{2}\cos\frac{\theta}{2}} = \frac{2k}{\sqrt{1 - k^2\sin^2\varphi}}\cos\varphi d\varphi$$

次に⑥の分母 $\sqrt{2(\cos\theta - \cos\theta_m)}$ を変形してみる．$\cos\theta = 1 - 2\sin^2\frac{\theta}{2}$ なので，

$$\sqrt{2(\cos\theta - \cos\theta_m)} = \sqrt{2(2\sin^2\frac{\theta_m}{2} - 2\sin^2\frac{\theta}{2})}$$

224

$$= 2\sin\frac{\theta_m}{2}\sqrt{1 - \frac{2\sin^2\frac{\theta}{2}}{2\sin^2\frac{\theta_m}{2}}}$$

$$= 2\sin\frac{\theta_m}{2}\sqrt{1 - \frac{2\sin^2\frac{\theta_m}{2}\sin^2\varphi}{2\sin^2\frac{\theta_m}{2}}}$$

$$= 2\sin\frac{\theta_m}{2}\sqrt{1 - \sin^2\varphi}$$

$$= 2\sin\frac{\theta_m}{2}\sqrt{\cos^2\varphi}$$

$$= 2k\cos\varphi$$

以上から，⑥は，

$$t_m = \frac{1}{\omega_0}\int_0^{\theta_m}\frac{d\theta}{\sqrt{2(\cos\theta - \cos\theta_m)}}$$

$$= \frac{1}{\omega_0}\int_0^{\varphi_m}\frac{\frac{2k}{\sqrt{1-k^2\sin^2\varphi}}\cos\varphi d\varphi}{2k\cos\varphi}$$

$$= \frac{1}{\omega_0}\int_0^{\varphi_m}\frac{d\varphi}{\sqrt{1 - k^2\sin^2\varphi}}$$

以上から，任意の時刻 t では，

$$\omega_0 t = \int_0^{\varphi}\frac{d\varphi}{\sqrt{1 - k^2\sin^2\varphi}}$$

となる．ここで

$$K(k) = \int_0^{\varphi}\frac{d\varphi}{\sqrt{1 - k^2\sin^2\varphi}}$$

をルジャンドル形式の第 1 種楕円積分という．なお，第 2 種楕円積分といわれるものは次式である．

$$E(k) = \int_0^{\varphi}\sqrt{1 - k^2\sin^2\varphi}d\varphi$$

また，積分の上限を $\varphi = \frac{\pi}{2}$ としたもの

$$K(k) = \int_0^{\frac{\pi}{2}}\frac{d\varphi}{\sqrt{1 - k^2\sin^2\varphi}} \quad \cdots ⑨$$

を，第1種完全楕円積分といい，

$$E(k) = \int_0^{\frac{\pi}{2}} \sqrt{1 - k^2 \sin^2 \varphi} d\varphi$$

を，第2種完全楕円積分という．

ところで，⑨において，$x = \sin \varphi$ とおき，$d\varphi$ を変形してみる．

$$dx = \cos \varphi d\varphi = \sqrt{1 - \sin^2 \varphi} d\varphi$$

$$\therefore \quad d\varphi = \frac{dx}{\sqrt{1 - x^2}}$$

$\varphi = \frac{\pi}{2}$ のとき，$x = \sin \frac{\pi}{2} = 1$ なので，

$$K(k) = \int_0^{\frac{\pi}{2}} \frac{d\varphi}{\sqrt{1 - k^2 \sin^2 \varphi}} = \int_0^1 \frac{dx}{\sqrt{1 - x^2}\sqrt{1 - k^2 x^2}} \quad \cdots ⑩$$

$$E(k) = \int_0^{\frac{\pi}{2}} \sqrt{1 - k^2 \sin^2 \varphi} d\varphi = \int_0^1 \frac{\sqrt{1 - k^2 x^2}}{\sqrt{1 - x^2}} dx \quad \cdots ⑪$$

⑩をヤコビの第1種完全楕円積分，⑪をヤコビの第2種完全楕円積分という．また，ヤコビの第1種楕円積分と第2種楕円積分は，

$$K(k) = \int_0^{\varphi} \frac{d\varphi}{\sqrt{1 - k^2 \sin^2 \varphi}} = \int_0^x \frac{dx}{\sqrt{1 - x^2}\sqrt{1 - k^2 x^2}}$$

$$E(k) = \int_0^{\varphi} \sqrt{1 - k^2 \sin^2 \varphi} d\varphi = \int_0^x \frac{\sqrt{1 - k^2 x^2}}{\sqrt{1 - x^2}} dx$$

である．

ところで，$\sin^{-1} y = \int_0^y \frac{dx}{\sqrt{1-x^2}}$ を手掛かりに，

$$\mathrm{sn}^{-1} x = \int_0^x \frac{dx}{\sqrt{1 - x^2}\sqrt{1 - k^2 x^2}}$$

$$\left(= \int_0^{\varphi} \frac{d\varphi}{\sqrt{1 - k^2 \sin^2 \varphi}} = \omega_0 t = y \right)$$

とおくと，$x = \mathrm{sn}\, y = \sin \varphi$ である．なお sn は，エスエヌと読む．この sn は，ヤコビの楕円関数とよばれる．

ヤコビの楕円関数を用いると，$\omega t = \mathrm{sn}^{-1}(\varphi, k)$ なので，

$$\mathrm{sn}(\omega t, k) = \varphi = \frac{1}{k} \sin \frac{\theta}{2}$$

よって，

$$\theta(t) = 2\sin^{-1}(k\,\mathrm{sn}(\omega_0 t, k))$$

となる．また，重複するが，⑦から $\theta = 2\sin^{-1}(k\sin\varphi)$ なので，同様に導出できる．

さらに，cn として，

$$\mathrm{cn}\, y = \cos\varphi$$

で，定義することにより，

$$\begin{aligned}
\mathrm{cn}\, y &= \cos\varphi \\
&= \sqrt{1 - \sin^2\varphi} = \sqrt{1 - x^2} \\
&= \sqrt{1 - \mathrm{sn}^2 y}
\end{aligned}$$

となる．さらに，dn として，

$$\mathrm{dn} = \frac{d\varphi}{dy}$$

で，定義することにより，

$$\frac{dy}{d\varphi} = \frac{d}{d\varphi}\left(\int_0^\varphi \frac{d\varphi}{\sqrt{1 - k^2\sin^2\varphi}}\right) = \frac{1}{\sqrt{1 - k^2\sin^2\varphi}}$$

を用いて，

$$\mathrm{dn} = \frac{d\varphi}{dy} = \frac{1}{\frac{dy}{d\varphi}} = \sqrt{1 - k^2\sin^2\varphi} = \sqrt{1 - k^2 x^2} = \sqrt{1 - k^2\mathrm{sn}^2 y}$$

と書ける．cn，dn もヤコビの楕円関数である．

□ 12.2 ガンマ関数

ガンマ関数とは，階乗の概念を複素数全体に拡張した特殊関数である．互いに同値となるいくつかの定義が存在するが，1729 年に数学者レオンハルト・オイラーが無限乗積の形で最初に導入したものである．

さて，$a > 0$ のとき，次の積分は，

$$\int_0^\infty e^{-ax}dx = -\frac{1}{a}\left[e^{-ax}\right]_0^\infty$$
$$= -\frac{1}{a}(0-1)$$
$$= \frac{1}{a}$$

である．この式の両辺を a で微分すると，

$$\frac{d}{da}\left(\int_0^\infty e^{-ax}dx\right) = \frac{d}{da}\left(\frac{1}{a}\right)$$
$$\int_0^\infty \frac{d}{da}(e^{-ax})dx = -\frac{1}{a^2}$$
$$\int_0^\infty (-xe^{-ax})dx = -\frac{1}{a^2}$$
$$\therefore \quad \int_0^\infty xe^{-ax}dx = a^{-2}$$

となる．再度 a で微分すると，

$$\frac{d}{da}\left(\int_0^\infty xe^{-ax}dx\right) = \frac{d}{da}(a^{-2})$$
$$\int_0^\infty \frac{d}{da}(xe^{-ax})dx = \int_0^\infty (-x^2e^{-ax})dx = -2a^{-3}$$
$$\therefore \quad \int_0^\infty x^2e^{-ax}dx = 2a^{-3}$$

これを継続すると，$\int_0^\infty x^3e^{-ax}dx = 2\cdot3a^{-4}$ などとなり，一般に，

$$\int_0^\infty x^{n-1}e^{-ax}dx = (n-1)!a^{-n}$$

となることがわかる．ここで，$a=1$ とおくと，

$$\int_0^\infty x^{n-1}e^{-x}dx = (n-1)!$$

さらに，n を実数 t に置き換えると，

$$\Gamma(t) = \int_0^\infty x^{t-1}e^{-x}dx \quad (t>0)$$

と書ける．これをガンマ関数という．ここで，$\Gamma(t+1)$ の部分積分を行うと，

$$\Gamma(t+1) = \int_0^\infty x^t e^{-x}dx = \left[x^t(-e^{-x})\right]_0^\infty - \int_0^\infty tx^{t-1}(-e^{-x})dx$$

$$= \left[x^t(-e^{-x}) \right]_0^\infty + t \int_0^\infty x^{t-1}e^{-x}dx$$
$$= \left[x^t(-e^{-x}) \right]_0^\infty + t\Gamma(t)$$

もしここで，$\Gamma(t+1)$ と $t\Gamma(t)$ がイコールで結ばれるなら，

$$\Gamma(t+1) = t\Gamma(t)$$

と書けるが，そのために，$x \to \infty$ のとき，$\Gamma(t+1) - t\Gamma(t) = \left[x^t(-e^{-x}) \right]_0^\infty$ を考えて，$x^t e^{-x}$ がどうなるのかを調べてみる．ここで，k を t より大きな t に一番近い整数とすると，

$$x^t e^{-x} = \frac{x^t}{e^x}$$
$$= \frac{x^t}{1 + x + \frac{1}{2!}x^2 + \frac{1}{3!}x^3 + \cdots} < \frac{x^k}{1 + x + \frac{1}{2!}x^2 + \frac{1}{3!}x^3 + \cdots}$$
$$= \frac{x^k}{1 + x + \frac{1}{2!}x^2 + \frac{1}{3!}x^3 + \cdots + \frac{1}{k!}x^k + \frac{1}{(k+1)!}x^{k+1}\cdots} < \frac{x^k}{\frac{1}{(k+1)!}x^{k+1}}$$
$$= \frac{(k+1)!}{x}$$
$$\therefore \quad x^t e^{-x} = \frac{x^t}{e^x} < \frac{(k+1)!}{x}$$

よって

$$\lim_{x \to \infty} x^t e^{-x} = \lim_{x \to \infty} \frac{x^t}{e^x} = 0$$

となる．

$$\Gamma(t+1) - t\Gamma(t) = 0$$

より，

$$\Gamma(t+1) = t\Gamma(t)$$
$$= t(t-1)\Gamma(t-1)$$
$$= t(t-1)(t-2)\Gamma(t-2)$$
$$= t(t-1)(t-2)\cdots 3 \cdot 2 \cdot \Gamma(1)$$

$\Gamma(1) = 1$ なので，

$$\Gamma(n+1) = n!$$

ガンマ関数の形は，図 12.2 のようになる．

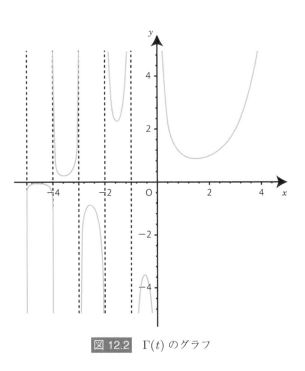

図 12.2　$\Gamma(t)$ のグラフ

付録 A

物理学と測定

　物理学とは，自然界にみられるミクロの世界からマクロの世界に至る現象とその性質がどのような法則によっているのかを探求する学問である．物理学を学ぶ上では，物理量という概念を理解することが重要である．物理量とは，測定器で測定できる量や，測定器で測定できる量と π などの数学的定数などを用いて算出できる量のことである．

　物理量の記号や単位記号を書き表すとき，物理量の文字はイタリック体 (斜体) で，単位記号はローマン体 (立体) で書く．

□ A.1　測定

　実験結果などについて，物理量をできるだけ精密に測ることは重要である．しかし，物理量を測定する場合，測定値には必ず不確かさが存在する．

A.1.1　不確かさ

　不確かさ (Uncertainty) とは，計測値のばらつきの程度を数値で定量的に表した尺度である．1993 年に GUM(Guide to the Expression of Uncertainty in Measurement) が公表され，「誤差」ということばは真値がわかっているときだけ使われ，未知の量を測る場合には「不確かさ」を使うことになった．不確かさは通常，0 以上の有効数字で表現され，不確かさの絶対値が大きくなれば，測定結果として予想されるばらつきの程度も大きくなる．不確かさには，① 標準不確かさ u，②合成標準不確かさ u_c，③拡張不確かさ U，④相対不確かさ，がある．

　標準不確かさ u は，標準偏差 σ を用いた不確かさの評価で，多くの場合，標本標準偏差に等しいものとされる．合成標準不確かさ u_c は，複数の不確かさの成分がある場合の標準不確かさの二乗の重みつき平均の平方根である．

合成標準不確かさの表記を u_c として，各々の測定値 x_i における標準不確かさの表記を $u(x_1), u(x_2), ..., u(x_N)$ とする．各々の標準不確かさに相関がなく独立している場合，

$$(u_c(y))^2 = (c_1 u(x_1))^2 + \cdots + (c_N u(x_N))^2 \quad : 二乗平均$$

c_1 や c_2 などは感度係数といい，単位の異なる量どうしの不確かさを合成するときなどに用いる．拡張不確かさ U は，VIM3(国際計量基本用語集第三版) において，「合成測定標準不確かさと 1 より大きい定数との積 $U=k \times u_c$」と定義された．定数 k は包含係数とよばれ，不確かさ解析ではよく $k=2$ とされる．測定値 Y が含まれる範囲は，y を Y の期待値または参考値とすると，$y-U < Y < y+U$ と表せる．ところで，k として 1 より大きい数を掛けるのは，「誤差解析」では測定値 Y が正規分布するとき，期待値のまわりの $\pm\sigma$ の範囲，つまり $y - \sigma < Y < y + \sigma$ に確率 68.3%で，$\pm 2\sigma$ の範囲 $y - 2\sigma < Y < y + 2\sigma$ に確率 95 % で測定結果の真値が区間内に含まれる．誤差解析では，確率 p で測定結果が区間内に含まれることを，p の信頼区間であるとか，p の信頼水準という．不確かさ解析も，信頼区間という用語を流用し，誤差解析の区間内における真値の存在しうる区間幅を，「不確かさ」として「不確かさ解析」に対応させた概念が「拡張不確かさ」である．「信頼区間」という誤差解析の用語を，「不確かさ解析」の側で流用している以上は，不確かさ解析での「信頼区間」という用語の目指す内容は，不確かさ解析で，包含係数が $k=2$ の場合，信頼区間は 95 %(2σ)，$k=3$ の場合，信頼区間は 99 %(3σ) である．

相対不確かさは，標準不確かさ $u(x)$ などを，その物理量の測定値 x の絶対値 $|x|$ で割った数値である．つまり，ある物理量の測定値を x とし，その測定値 x の不確かさを $u(x)$ とすると，相対不確かさは

$$\frac{u(x)}{|x|} \quad あるいは，\quad \frac{u(x)}{|x|} \times 100(\%)$$

となる．相対不確かさに換算すると，単位 (cm や kg などのこと) が無次元化されるので，異なる物理量どうしの不確かさの大きさを比較できる．

さて，ある物理量を n 回測定し，測定値 $x_1, x_2, \cdots, x_n$ を得たとする．このときの算術平均値は，

$$\overline{x} = \frac{1}{n}(x_1 + x_2 + \cdots + x_n) = \frac{1}{n}\sum_{i=1}^{n} x_i$$

である．測定値 x_i から平均値 $\overline{x}$ を引いた値 $\delta_i = x_i - \overline{x}$ を残差という．測定値のばらつきの度合いを標準偏差といい，σ で表す．σ が小さいほどばらつきの度合いは小さい．測定値の標準偏差 σ は，真の値 X を用いて，

$$\sigma = \sqrt{\frac{\sum (x_i - X)^2}{n}}$$

である．また，測定値のみで標準偏差を求める場合，平均値 $\overline{x}$ を用いる．測定値のみで標準偏差を求める際には，標本数が少ないことも起こりえるので，$\frac{n}{n-1}$ を掛けて，

$$\sigma = \sqrt{\frac{\sum (x_i - \overline{x})^2}{n-1}}$$

を用いる．

A.1.2 有効数字

ある物体の大きさを，ものさし (1 mm 目盛り) で測定する場合，最小目盛り (この場合，1 mm) の 1/10 までを，目分量で読み取るのが一般的である．物体の 1 辺の長さを 182.6 mm と測定した場合，不確かさは ±0.05 mm 以内と考えられる．したがって，物体の真の長さ L mm は

$$182.55 \leqq L < 182.65$$

と考えられるから，182.6 が意味をもった数字である．このように，測定値などの近似値で信頼してよい意味をもった数字を有効数字という．

測定値が 4000 の場合，上何桁が意味をもつ数字かわからない．これをはっきりさせるため，整数部分を 1 桁の小数にして，10 の累乗を掛け合わせた形で表すとよい．例えば，4.0×10^3 のようにである．ただし，そのままで有効数字が何桁なのかがはっきりしている場合はそのままでよい．

☐ A.2 計算

測定値をいくら精度高く測っても，その測定値を用いての計算がきちんと行われていなければ，その計算が無意味なものとなってしまう．測定値を用いた計算はどのように行えばよいだろうか．

A.2.1 有効数字の加減乗除

・**加減**：位取りの高いものに合わせる.

 問題1 42.6 m と 0.576 m の和を求めよ.

 解答　$42.6 + 0.6 = 43.2$ m　■

・**乗除**：有効数字の桁数を四捨五入により桁数の最も少ないものより 1 桁多くそろえてから計算し,その積や商も四捨五入により最も桁数の少ないものにそろえればよい.

 問題2 縦 32.6 cm,横 1.2 cm の長方形の面積を求めよ.

 解答　$32.6 \times 1.2 = 39.12 \mathrm{cm}^2$　　∴　39 cm^2　■

理由:長方形のデータ,32.6 がとりうる範囲は,$32.55 \leqq 32.6 < 32.65$ なので,± 0.05 cm の不確かさがあると考えられる.また,1.2 がとりうる範囲は,$1.15 \leqq 1.2 < 1.25$ なので,やはり,± 0.05 cm の不確かさはあると考えられる.そこで長方形の面積 $S(\mathrm{cm}^2)$ は $(32.6 - 0.05) \times (1.2 - 0.05) \leqq S < (32.6 + 0.05) \times (1.2 + 0.05)$ として,$37.4325 \leqq S < 40.8125$ の間にある.ゆえに長方形の面積を $32.6 \times 1.2 = 39.12$ cm^2 としても,小数点第 1 位以下は信頼性がない.よって,有効数字を 2 桁にとって 39 cm^2 とすればよい.

A.2.2 近似公式

x が 1 に比べて十分に小さいとき $(x \ll 1)$

$$(1 + x)^n \fallingdotseq 1 + nx$$

$$(1 + x)^3 \fallingdotseq 1 + 3x$$

$1.02^3 = (1 + 0.02)^3 \fallingdotseq 1 + 3 \times 0.02 = 1.06 (正しくは,1.061208)$

$$\frac{1}{1 + x} = (1 + x)^{-1} \fallingdotseq 1 - x$$

$\frac{1}{1.03} = (1 + 0.03)^{-1} \fallingdotseq 1 - 1 \times 0.03 = 0.97 (0.97087 \cdots)$

$$\sqrt{1 + x} = (1 + x)^{\frac{1}{2}} \fallingdotseq 1 + \frac{1}{2}x$$

$$\sqrt{0.95} = (1 - 0.05)^{\frac{1}{2}} \fallingdotseq 1 - \frac{1}{2} \times 0.05 = 0.975 (0.974679 \cdots)$$

· $\theta \ll 1$ rad のとき

$$\sin\theta \fallingdotseq \tan\theta \fallingdotseq \theta$$

$$\cos\theta \fallingdotseq 1$$

なお，不確かさは，θ が $10°(0.175$ rad$)$ 以下のとき 1

索　引

【アルファベット】

det.......................... 118
div.......................... 93
grad 87
Im 137
Re 137
rot 95

【あ行】

アインシュタインの規約...... 182
アンペールの法則 108
1次従属 182
1次独立 182
一般化座標 170
エルミート共役 187
エルミート共役行列 115
エルミート行列 115
演算子......... 87, 183
オイラー-ラグランジュの方程式 170
オイラーの公式 21, 139
オイラーの方程式 163
温度伝導率 63

【か行】

外積........................ 86
ガウスの定理 103
過減衰 56
拡散方程式 64
拡散率 64
完全形微分方程式 34
ガンマ関数 228
基底........................ 182
逆行列 116
逆ラプラス変換 214
共変成分 185
共役複素数 186
行列............. 112, 118
極......................... 149
虚部....................... 137
矩形波 207
グラディエント 87
グリーンの公式 69

グルサーの公式 147
クロネッカーのデルタ........ 184
結合軌道 125
減衰振動 56
広義のグリーンの公式........ 69
合成関数の微分 6
交代行列 114
勾配....................... 87
コーシーの積分公式 146
コーシーの積分定理 145
コーシー-リーマンの式....... 142
固有値 122
固有ベクトル 122
固有方程式 123

【さ行】

サイクロイド 167
最速降下線 165
座標の回転 112
サラスの展開 121
三角関数の積分公式 25
三角関数の微分公式 5
次元....................... 183
自己随伴 69
指数関数の積分公式 25
実部....................... 137
時定数 48
周回積分 143
縮退 123
小行列式 119
状態方程式 11
水素分子 124
随伴微分表式 69
スカラー 85
ストークスの定理 106
スネルの法則 165
スペクトル 206
正則....................... 116
正則関数 141
正方行列 113
積と商の微分 5
積分............. 22, 24

零因子 113
ゼロ行列 113
線形同次方程式 33
線形非同次方程式 33
線積分 70
全微分 12

【た行】

第 1 種完全楕円積分 226
第 1 種楕円積分 225
対角化 196
対角行列 114
対角成分 113
対称行列 114
対数関数の積分公式 25
対数関数の微分公式 5
対数微分法 6
体積分 81
ダイバージェンス 93
楕円積分 225
単位階級関数 211
単位行列 113
置換積分の公式 27
直交 118
定数倍の微分公式 5
テイラー展開 17
テイラーの定理 17
停留値 161
転置行列 113, 184
導関数 3
同次線形微分方程式 36
同次方程式 33
特異点 147
特性方程式 36, 123
ド・モアブルの定理 138

【な行】

内積 85
ナブラ 87
2 階同次線形微分方程式 36
熱伝導方程式 63

【は行】

パーセバルの等式 195
発散 93
波動方程式 61
ハミルトニアン 124, 171
ハミルトン関数 171

ハミルトンの原理 169
ハミルトンの正準方程式 172
反エルミート行列 115
汎関数 161
反結合軌道 125
微分 1
微分の基本公式 4
微分表式 69
微分方程式 31
ヒルベルト空間 195
ファラデーの電磁誘導の法則 . . . 108
フーリエ逆変換 207
フーリエ級数 198, 200
フーリエ係数 200
フーリエ変換 205, 207
フェルマーの原理 164
複素関数 141
複素共役 186
複素共役行列 115
複素フーリエ係数 206
部分積分の公式 25
ブラケット 192
閉曲線 74
平均値の定理 16
ベクトル 85
ベクトル空間 182
ベッセルの不等式 194
ヘルムホルツ方程式 68
変数分離 32
偏微分 8
偏微分方程式 59
変分 160, 161
変分法 161
ポアソンの方程式 67
ポインティング・ベクトル 103
保存力 75

【ま行】

マクスウェル方程式 101
マクスウェル-ボルツマンの分布則 181
マクローリン展開 16
面積分 76

【や行】

ヤコビの楕円関数 226
ユニタリー行列 118, 189
ユニタリー変換 189

余因子 119

【ら行】

ラグランジアン 169
ラグランジュ関数 169
ラクランジュの未定係数法 176
ラプラシアン 98
ラプラス変換 209
ラプラス方程式 67, 143
留数 148
留数定理 149
臨界減衰 57
ル・ジャンドル変換 171
連続の式 106
ローテーション 95
ローラン展開 152
和と差の微分 5

著者

川村　康文
（かわむら　やすふみ）

東京理科大学理学部物理学科 教授。1959 年，京都市生まれ。博士(エネルギー科学)。専門は物理教育・サイエンス・コミュニケーション。

慣性力実験器Ⅱで平成 11 年度全日本教職員発明展内閣総理大臣賞受賞，平成 20 年度文部科学大臣表彰科学技術賞（理解増進部門）をはじめ，科学技術の発明が多く，賞も多数受賞。

著書に，「世界一わかりやすい物理学入門」「理科教育法」（講談社），「遊んで学ぼう！家庭でできるかんたん理科実験」（文英堂）など多数。

本書の追加情報につきましては，講談社サイエンティフィック HP：www.kspub.co.jp の本書ページを御覧ください.

NDC420　247p　21cm

世界一わかりやすい物理数学 入門
（せ かいいち　　　　　　　ぶつりすうがくにゅうもん）
これ 1 冊で完全マスター！
（　　　　かんぜん　　　　）

2020 年 1 月 24 日　第 1 刷発行

著者	川村　康文 （かわむら　やすふみ）
発行者	渡瀬昌彦
発行所	株式会社 講談社
	〒 112-8001　東京都文京区音羽 2-12-21
	販売　(03)5395-4415
	業務　(03)5395-3615
編集	株式会社 講談社サイエンティフィク
	代表　矢吹俊吉
	〒 162-0825　東京都新宿区神楽坂 2-14　ノービィビル
	編集　(03)3235-3701
本文データ作成	藤原印刷 株式会社
カバー・表紙印刷	豊国印刷 株式会社
本文印刷・製本	株式会社 講談社

Printed in Japan
ISBN978-4-06-518436-3

講談社の自然科学書

理科教育法　川村康文／著　本体 3,600 円

世界一わかりやすい物理学入門 これ 1 冊で完全マスター！　川村康文／著　本体 3,400 円

＜英語・一般書＞

Judy 先生の英語科学論文の書き方 増補改訂版　野口ジュディーほか／著　本体 3,000 円

理系留学生のための日本語　野口ジュディー／監修　林 洋子／著　本体 2,300 円

できる研究者の論文生産術　ポール・J・シルヴィア／著　高橋さきの／訳　本体 1,800 円

超ひも理論をパパに習ってみた　橋本幸士／著　本体 1,500 円

新版 理系のためのレポート・論文完全ナビ　見延庄士郎／著　本体 1,900 円

学振申請書の書き方とコツ　大上雅史／著　本体 2,500 円

できる研究者の論文作成メソッド　ポール・J・シルヴィア／著　高橋さきの／訳　本体 2,000 円

英語論文ライティング教本　中山裕木子／著　本体 3,500 円

日本発宇宙行き「国際リニアコライダー」　有馬雅人／著　本体 1,200 円

「宇宙のすべてを支配する数式」をパパに習ってみた　橋本幸士／著　本体 1,500 円

添削形式で学ぶ科学英語論文 執筆の鉄則 51　斎藤恭一／著　本体 2,300 円

できる研究者の科研費・学振申請書　科研費 .com ／著　本体 2,400 円

できる研究者になるための留学術　是永 淳／著　本体 2,200 円

＜なっとくシリーズ＞

なっとくする演習・熱力学　小暮陽三／著　本体 2,700 円

なっとくする電子回路　藤井信生／著　本体 2,700 円

なっとくするディジタル電子回路　藤井信生／著　本体 2,700 円

なっとくするフーリエ変換　小暮陽三／著　本体 2,700 円

なっとくする複素関数　小野寺嘉孝／著　本体 2,300 円

なっとくする微分方程式　小寺平治／著　本体 2,700 円

なっとくする行列・ベクトル　川久保勝夫／著　本体 2,700 円

なっとくする数学記号　黒木哲徳／著　本体 2,700 円

なっとくするオイラーとフェルマー　小林昭七／著　本体 2,700 円

なっとくする群・環・体　野﨑昭弘／著　本体 2,700 円

新装版 なっとくする物理数学　都筑卓司／著　本体 2,000 円

新装版 なっとくする量子力学　都筑卓司／著　本体 2,000 円

＜ゼロから学ぶシリーズ＞

ゼロから学ぶ微分積分　小島寛之／著　本体 2,500 円

ゼロから学ぶ量子力学　竹内 薫／著　本体 2,500 円

講談社の自然科学書

ゼロから学ぶ熱力学　小暮陽三／著　本体 2,500 円

ゼロから学ぶ統計解析　小寺平治／著　本体 2,500 円

ゼロから学ぶベクトル解析　西野友年／著　本体 2,500 円

ゼロから学ぶ線形代数　小島寛之／著　本体 2,500 円

ゼロから学ぶ電子回路　秋田純一／著　本体 2,500 円

ゼロから学ぶディジタル論理回路　秋田純一／著　本体 2,500 円

ゼロから学ぶ超ひも理論　竹内 薫／著　本体 2,100 円

ゼロから学ぶ解析力学　西野友年／著　本体 2,500 円

ゼロから学ぶ統計力学　加藤岳生／著　本体 2,500 円

＜単位が取れるシリーズ＞

単位が取れる 微積ノート　馬場敬之／著　本体 2,400 円

単位が取れる 力学ノート　橋元淳一郎／著　本体 2,400 円

単位が取れる 電磁気学ノート　橋元淳一郎／著　本体 2,600 円

単位が取れる 線形代数ノート　齋藤寛靖／著　本体 2,000 円

単位が取れる 量子力学ノート　橋元淳一郎／著　本体 2,800 円

単位が取れる 量子化学ノート　福間智人／著　本体 2,400 円

単位が取れる 統計ノート　西岡康夫／著　本体 2,400 円

単位が取れる 有機化学ノート　小川裕司／著　本体 2,600 円

単位が取れる 熱力学ノート　橋元淳一郎／著　本体 2,400 円

単位が取れる 微分方程式ノート　齋藤寛靖／著　本体 2,400 円

単位が取れる 解析力学ノート　橋元淳一郎／著　本体 2,400 円

単位が取れる ミクロ経済学ノート　石川秀樹／著　本体 1,900 円

単位が取れる マクロ経済学ノート　石川秀樹／著　本体 1,900 円

単位が取れる 流体力学ノート　武居昌宏／著　本体 2,800 円

単位が取れる 電気回路ノート　田原真人／著　本体 2,600 円

単位が取れる 物理化学ノート　吉田隆弘／著　本体 2,400 円

単位が取れる フーリエ解析ノート　高谷唯人／著　本体 2,400 円

＜今日から使えるシリーズ＞

今日から使えるフーリエ変換　三谷政昭／著　本体 2,500 円

今日から使える微分方程式　飽本一裕／著　本体 2,300 円

今日から使える熱力学　飽本一裕／著　本体 2,300 円

今日から使えるラプラス変換・z 変換　三谷政昭／著　本体 2,300 円

※表示価格は本体価格（税別）です．消費税が別に加算されます．　2020 年 1 月現在

講談社サイエンティフィク　http://www.kspub.co.jp/

講談社の自然科学書

講談社の自然科学書

<絵でわかるシリーズ>

絵でわかる免疫　安保 徹／著　本体 2,000 円

絵でわかる植物の世界　大場秀章／監修　清水晶子／著　本体 2,000 円

絵でわかる漢方医学　入江祥史／著　本体 2,200 円

絵でわかる東洋医学　西村 甲／著　本体 2,200 円

新版 絵でわかるゲノム・遺伝子・DNA　中込弥男／著　本体 2,000 円

絵でわかる樹木の知識　堀 大才／著　本体 2,200 円

絵でわかる動物の行動と心理　小林朋道／著　本体 2,200 円

絵でわかる宇宙開発の技術　藤井孝藏・並木道義／著　本体 2,200 円

絵でわかるロボットのしくみ　瀬戸文美／著　平田泰久／監修　本体 2,200 円

絵でわかるプレートテクトニクス　是永 淳／著　本体 2,200 円

絵でわかる日本列島の誕生　堤 之恭／著　本体 2,200 円

絵でわかる感染症 with もやしもん　岩田健太郎／著　石川雅之／絵　本体 2,200 円

絵でわかる麹のひみつ　小泉武夫／著　おのみさ／絵・レシピ　本体 2,200 円

絵でわかる樹木の育て方　堀 大才／著　本体 2,300 円

絵でわかる地図と測量　中川雅史／著　本体 2,200 円

絵でわかる食中毒の知識　伊藤 武・西島基弘／著　本体 2,200 円

絵でわかる古生物学　棚部一成／監修　北村雄一／著　本体 2,000 円

絵でわかるカンブリア爆発　更科 功／著　本体 2,200 円

絵でわかる寄生虫の世界　小川和夫／監修 長谷川英男／著　本体 2,000 円

絵でわかる地震の科学　井出 哲／著　本体 2,200 円

絵でわかる生物多様性　鷲谷いづみ／著　後藤 章／絵　本体 2,000 円

絵でわかる日本列島の地震・噴火・異常気象　藤岡達也／著　本体 2,200 円

絵でわかる進化のしくみ　山田俊弘／著　本体 2,300 円

絵でわかる地球温暖化　渡部雅浩／著　本体 2,200 円

絵でわかる宇宙の誕生　福江 純／著　本体 2,200 円

絵でわかるミクロ経済学　茂木喜久雄／著　本体 2,200 円

絵でわかる宇宙地球科学　寺田健太郎／著　本体 2,200 円

新版 絵でわかる生態系のしくみ　鷲谷いづみ／著　後藤 章／絵　本体 2,200 円

絵でわかるマクロ経済学　茂木喜久雄／著　本体 2,200 円

絵でわかる日本列島の地形・地質・岩石　藤岡達也／著　本体 2,200 円

※表示価格は本体価格（税別）です．消費税が別に加算されます．　　　2020 年 1 月現在

講談社サイエンティフィク　http://www.kspub.co.jp/